10대가 알아야 할

프로그래밍과
코딩이야기

미래 IT 세상의 주인공으로 사는 법

10대가 알아야 할

프로그래밍과

코딩이야기

우혁 · 이설아 지음

10대를 위한 최고의 프로그래밍 · 코딩 입문서

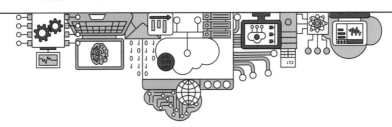

한스미디어

모두가 프로그래밍하는 사회

현행 교육과정에서는 '소프트웨어'가 의무화되어 운영되고 있으며, 2025년부터 적용되는 '2022 개정 교육과정'에서는 초·중학교 정보 교과 시수가 두 배로 늘어나고 코딩 교육이 필수로 지정될 예정입니다. '코딩'이 필수과목이 되어 초등학생은 놀이 중심으로 간단한 프로그래밍을, 중·고등학생은 인공지능에 대한 기초적 원리 및 적용 방법까지 배우게 될 것입니다. 그러나 시중의 수많은 프로그래밍과 코딩 관련 책들은 전공자와 전문가들을 위한 것이 대부분이며, 부모님과 청소년을 위한 책은 찾아보기가 어렵습니다.

눈송이가 날리는 어느 겨울날 홍대의 한 출판사에서 중학교에서 영어를 가르치는 교사와 대학교에서 프로그래밍을 가르치는 교수, 그리고 출판사 편집장이 한자리에 모였습니다. '프로그래밍

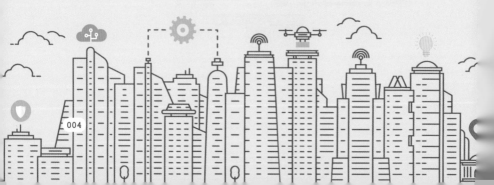

과 코딩이 우리 아이들의 미래에 어떤 영향을 줄 것인가?'에 대해 부모님과 자녀들이 함께 생각해볼 수 있는 기회를 제공하게 될 책을 기획하기 위함이었습니다. 중학교에서 영어를 가르치는 교사와 대학교에서 프로그래밍을 가르치는 교수의 만남은 어딘가 어색하기만 합니다. 서로의 이야기가 잘 이해되지 않고 삐거덕거리며 잘못된 만남처럼 느껴지기도 해서 앞으로의 험난한 여정을 예고하는 듯하였습니다.

본격적인 집필이 시작되자 프로그래밍 교수는 대학교 전공 학생들에게 강의하던 것처럼 글을 써 내려갔습니다. 하지만 영어 교사에게 이 글의 대부분은 마치 암호처럼 다가왔습니다. 당연히 청소년들은 더더욱 이해하기 어려울 것이라고 생각했지요. 그래서 이대로는 어려울 것 같다고 판단하기에 이르고, 아쉽지만 초고의 대부분을 폐기하기로 결정하였습니다. 처음부터 다시 시작하기로 하고, 우선 영어 교사가 일반인과 청소년의 입장에서 프로그래밍과 코딩을 직접 배워보기로 했습니다. 요즘 인기 있는 프로그래밍 언어인 파이썬을 공부해보기로 한 것인데요. 놀랍게도 일주일 만에 프로그래밍 언어의 기본 문법을 익히고 파이썬 프로그램으로 간단한 게임과 그림을 그리는 프로그래밍과 코딩을 할

수 있게 되었습니다. 한편 프로그래밍 교수는 영어 선생님에게 프로그래밍을 알려주면서 전공 학생이 아닌 일반인의 눈높이에 맞추고자 하는 노력을 기울이면서 결코 어우러지지 않을 것처럼 보였던 영어 교사와 프로그래밍 교수의 공동 집필이 점차 제 길을 찾아가게 되었습니다.

영어도 언어이고 프로그래밍 언어도 언어입니다. 그렇다면 과연 언어란 무엇인가요? 우리는 언어를 통해 의사소통을 합니다. 그리고 효과적인 의사소통은 서로 상대방이 알아들을 수 있는 언어로 이야기함으로써 이루어집니다. 다시 말해, 내가 할 수 있는 말이 아니라, 상대방이 알아들을 수 있는 말을 해야 하는 것이지요. 영국인이나 미국인에게는 영어로 이야기하고, 중국인에게는 중국어로, 프랑스인에게는 프랑스어로 이야기해야 상대방이 이해할 수 있습니다. 마찬가지로 기계에게는 기계가 알아들을 수 있는 기계어, 혹은 프로그래밍 언어로 이야기하면 되는 것입니다. 그런데 이 프로그래밍 언어라는 것이 기계가 아닌 우리 인간이 사용하기 쉽게 인간이 만든 언어라는 것이 재미있는 점입니다. 아직 프로그래밍과 코딩을 제대로 접하지 않고, 어렵다고 생각하고 있는 많은 분들께 말씀드리고 싶습니다. 프로그래밍 언어는 결코

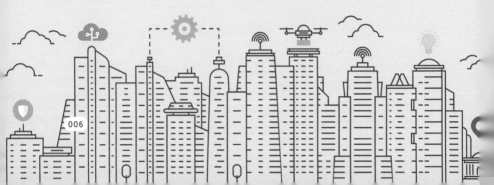

어렵지 않습니다. 아니 오히려 인간의 언어보다 훨씬 더 간단하고 배우기 쉽다고 자신 있게 말씀드릴 수 있습니다.

이 책은 우리가 살아가고 있는 세상의 변화의 흐름과 그에 따른 직업 세계의 변화, 그리고 그 안에서 나날이 높아지는 프로그래머의 위상을 소개하는 이야기로 시작합니다. 그리고 여러 교과를 배우며 익히게 되는 다양한 능력처럼 프로그래밍과 코딩을 공부함으로써 익힐 수 있는 능력에 대해 알아봅니다. 이어지는 3장에서는 우리가 직접 보고 만지는 컴퓨터와 같은 하드웨어와 소프트웨어, 즉 프로그램과 알고리즘, 인공지능 등 프로그램 관련 키워드에 대해 설명하고, 4장에서는 코딩과 프로그래밍의 관계, 오류, 버그 및 디버그, 오픈 소스 등 코딩과 관련된 개념에 대해 자세히 설명하고 있습니다. 5장에서는 대표적인 프로그래밍 언어인 C 언어, 자바스크립트, 파이썬 등의 특징에 대해 알아보고, 각 프로그래밍 언어의 장단점을 소개합니다. 3장 혹은 5장 내용 중 이해하기 어려운 부분이 있다면 멈추지 마시고 이 부분은 훗날을 기약하며 다음 장으로 넘어가도 괜찮습니다. 이어서 6장에서는 요즘 가장 사랑받고 있는 파이썬으로 직접 프로그래밍과 코딩을 해보겠습니다. 마지막 7장에서는 미래의 직업으로서 프로그래머에 대해 자세히 알아보겠습니다.

스티브 잡스가 스탠퍼드대학교 졸업 연설에서 졸업생들에게 자신의 일화를 소개한 적이 있습니다. 그는 대학교에서 우연히 서체 수업을 수강하게 되었고, 훗날 그가 매킨토시를 구상할 때 이것들이 되살아나서 아름다운 서체를 가진 컴퓨터를 만들 수 있었다고 회상하였습니다. 그 자신도 일련의 선택(the dots)이 10년 후에 어떻게 연결될지 예측하지 못했지만 결국 그것들이 연결되어 자신의 삶을 만들어냈다고(connecting the dots) 이야기합니다. 지금 여러분의 선택이 미래와 연결된다는 의미이지요. 지금의 학교 수업, 학원 숙제만으로도 벅차고 바쁜데 코딩이라는 새로운 것이 나타나서 혼란스럽기만 한가요? 하지만 요즘 세상사를 들여다보면 이것이 여러분의 미래에 연결하게 될 하나의 커다란 점이 될 것이 너무나도 명확합니다.

여러분이 살아갈 미래 세상은 분명 지금의 세상과는 많이 다를 것입니다. 프로그래밍과 코딩에 대한 지식이 여러분의 미래에 든든한 힘이 되어줄 것이라 믿습니다.

지은이 우혁, 이설아

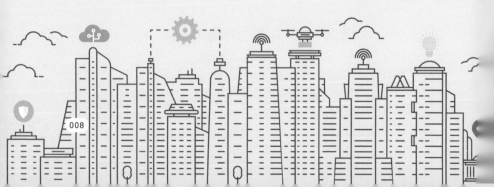

10대들의 미래를 함께 만들어가는
현직 선생님들의 극찬!

★★★★★

● 앞으로의 미래 사회는 프로그래밍과 코딩이 한글처럼 누구나 알아야 하는 필수 교육 요소로 자리매김할 것입니다. 이러한 맥락에서 이 책은 초·중·고 등학생들뿐만 아니라 프로그래밍과 코딩에 관심이 있는 성인들도 함께 읽으면 도움이 될 만한 내용으로 가득하기에 적극 추천하고 싶습니다.

장근수 선생님(대전정림중학교)

● 이 책은 알찬 해설과 함께 다양한 사진과 그림 자료가 어우러져 다소 어려울 수 있는 프로그래밍에 대해 쉽게 다가설 수 있습니다. 또한 각 장의 마지막 부분에는 앞에서 읽은 내용을 다시 한번 확인해볼 수 있도록 요약 정리해놓았으며, 퀴즈를 제시하고 있어서 문제를 풀어보며 스스로 이해 정도를 점검할 수도 있습니다. 책의 내용이 흥미롭고 이해하기 쉽게 구성되어 있어 읽어 본 분들은 분명 탁월한 선택이었노라고 말할 수 있을 것입니다.

전서윤 선생님(버드내초등학교)

● 인공지능 교육 선도학교에서 교육정보부장으로 근무하며 최근 들어 교육 현장에 불어오는 새로운 변화의 바람을 몸소 체험하고 있습니다. 《10대가 알아야 할 프로그래밍과 코딩 이야기》를 아이들과 더불어 부모님께서도 읽게 된다면 학창 시절 배우지 않았던 코딩이라는 것에 대해 이해도를 높이고, 아이들이 학습하는 내용에 대해 이해함으로써 가정 내에서 자녀와 나누는 대화의 폭도 넓어질 수 있을 것이라 기대합니다.

김윤경 선생님(대성여자중학교)

● 4차 산업혁명 시대와 급변하는 미래 사회에 능동적으로 대응하고 우리의 편리한 생활을 위해 곳곳에서 활용될 코딩에 대해 배우려는, 나아가 첨단 미래 과학 시대가 필요로 하는 인재가 되고자 하는 10대들이 꼭 한 번 보아야 하는 책으로 추천합니다.

이정자 선생님(새롬고등학교)

목차

CHAPTER 3
한 시간에 끝내는 프로그래밍 이야기

첫 번째 이야기:
계산기에서 디지털 전자 컴퓨터까지, 하드웨어의 변천사

두 번째 이야기:
기계어에서 인공지능까지, 프로그래밍 이야기

프로그래밍과 코딩 지식, 우리의 10대가 미래 세상의 주인공으로 살아가는 황금 열쇠

세상의 변화를 읽는 안목과 직업 선택

어느 민간 기업이 관광용 우주선을 발사했다는 소식을 듣고도 담담했습니다. 기술 발전이 더는 놀랍거나 당황스러운 일이 아니기 때문입니다. 그러나 문제는 일상에 있었습니다. 최근 자주 다니던 아이스크림 가게에 방문하였다가 직원에게 직접 주문할 수 없어서 적잖이 당황하고 말았습니다. 이전에는 직원에게 다가가 어떤 아이스크림을 어떤 크기의 컵에 달라고 이야기하면 되었습니다. 그러나 이제는 키오스크(Kiosk)라는 기계 앞에 서서 언택트(Untact, 비대면) 주문을 해야 합니다. 주차장에서 주차료를 정산할 때도 주차 관리원이 아닌 기계와 대면하고 신용카드로 계산합니다. 이렇게 우리의 일상은 변화에 가속도가 붙은 것처럼 날이 갈수록 빠르게 변하고 있습니다.

하루가 멀다 하고 새로운 기술이 세상에 등장하고 발전함에 따라, 직업의 세계에서도 새로운 직업들이 계속하여 생겨납니다. 또 다른 한편에서는 기존의 직업들이 사라져가고 있습니다. 이럴 때일수록 우리는 시대적 변화의 흐름을 읽어낼 수 있는 안목을 갖추고 미래에 우리 사회의 모습이 어떻게 변할지 예측하고 준비해야 합니다. 그럼으로써 미래에 어떠한 직업이 유망할지에 대해 진지하게 고민해봐야 합니다. 아직 직업의 세계에 발을 들여놓기 전 단계에 있는 10대 여러분에게는 기회와 가능성이 열려 있습니다. 일생일대의 가장 중요한 과업 중 하나인 진로 선택을 수행하기 위해, 자신을 둘러싼 세상과 자기 자신에 대해 자세히 그리고 성실히 들여다보아야 합니다. 그리고 그에 따라 요구되는 역량을 갖추기 위한 노력을 아끼지 않아야 하겠습니다.

대수술이 필요한 직업 선택의 기준

여러분은 아주 어렸을 때부터 "꿈이 무엇이니?" "장래 희망이 무엇이야?" 등과 같은 질문을 받았을 거예요. 그러나 불과 300여 년 전만 해도 사람들은 자신의 직업을 선택한다는 것을 감히 상상도 하지 못했습니다. 신분제 사회에서는 사람들이 자신의 직업을 찾아보려고 시도하지도 않았고, 어떤 직업을 선택할지 고민도 하지 않았습니다. 태어날 때부터 타고난 신분에 따라 자신의 의지와는 상관없이 주어진 일을 죽을 때까지 해야만 했습니다. 시간이 흘러 18세기 중반에 서양에서 산업화가 시작되면서 기존의 농경 사회에 없던 새로운 직업들이 생겨났고, 비로소 사람들은 자신의 직업을 선택하거나 바꿀 기회를 얻었습니다.

우리나라의 산업화는 불과 100여 년 전에 시작되었습니다. 그런데 1945년 일본으로부터 독립을 이루어내고 6·25 전쟁의 상처가 아물 즈음인 1960년대 이후에서야 도시화와 산업화가 실질적으로 진행되었고, 이에 따라 직업 선택이 가능해졌어요.

여러분의 아버지, 어머니 혹은 할아버지, 할머니와 같은 기성 세대에게 좋은 직업이란 판사, 검사, 의사, 세무사, 회계사와 같은 '사' 자가 들어가는 직업이었습니다. 이들이 부와 명예를 안겨주는 직업으로 인식되었어요. 그러다 보니 많은 사람이 '사' 자가 들어가는 직업을 갖는 것을 성공이라고 여겼고, 이러한 생각은 아직도 여러분에게 커다란 영향을 끼치고 있을 거예요.

이러한 직업들은 현재 우리 삶에 꼭 필요한 직업들이에요. 하지만 2015년 발행된 《유엔 미래 보고서 2045》에 따르면 인공지능 기술로 대체될 가능성이 큰 직업으로 세무사, 회계사, 의사, 변호사와 같은 직업들이 포함되었어요. 여러분이 성장하여 가까운 미래에 직업을 선택할 때, 과거의 인재상과 같은 기존의 직업 선택 기준이나 방식을 따르는 것은 현명한 선택이 아닐 수도 있을 거예요. 빠르게 변화하는 세상에 발맞추어 직업을 선택하는 기준도 바뀌어야 하겠지요.

사라지고 있는 평생직장

요즘 학교에는 진로 교육을 전담하는 선생님이 있습니다. 진로 교육의 중요성이 강조됨에 따라 2011년에 제1기 진로상담 교사가 배출되었고, 2015년에는 진로 교육법이 제정되어 각급 학교에서 진로 교육이 활성화하고 있습니다. 여러분의 부모님 세대와 비교하면 여러분은 자신의 진로 선택에 관해 훨씬 더 나은 여건을 갖추고 있다고 볼 수 있어요. 자신의 직업을 선택할 기회가 주어지고, 그 선택을 도와주는 교육도 받고 있으니 훨씬 더 좋은 환경에 놓여 있음이 분명해요. 하지만 한 가지 기술을 배워 평생 직업으로 삼을 수 있었던 과거와 달리, 우리가 살아가고 있는 정보화 시대에는 기술의 발전 속도가 빨라져서 직업의 생명 주기 또한 점점 짧아지고 있습니다. 더욱이 의학이 발달함에 따라 인간의 평균수명이 늘어나서 평생 단 하나의 직업만으로 평생을 살아가기가 점점 어려워지고 있습니다. 단언컨대, 지금 10대 여러분의 대부분은 일생에 최소한 세 가지 이상의 직업을 갖게 될 것입니다. 그러므로 여러분들은 지식 자체를 습득하는 능력뿐만 아니라 빠르게 변하는 세상에 적응할 수 있는 유연한 사고와 배움의 자세를 반드시 갖추어야 할 것입니다.

부모와 함께하는 평생 교육

1970~1980년대에 태어난 어른들이 학창 시절에 배운 것들이 오늘날을 살아가는 데 충분하다고 말하기는 어렵습니다. 그러므로 부모님 세대 역시 배움의 자세로 자신의 삶을 살아내야 할 것입니다. 나의 자녀가 자기 자신에 대해 잘 이해하고, 빠른 시대적 변화의 흐름을 잘 읽어내고, 그 흐름에 유연하게 적응하길 바라는 부모라면 더더욱 그렇습니다. 부모로서 자녀에게 본보기를 보여주는 것보다 더 훌륭한 교육은 없을 테니까요.

오래전 여행 중에 우연히 만났던 한 프랑스 친구가 자신의 가족들 모습이 담긴 사진 한 장을 보여주었습니다. 천장이 높은 거실의 한쪽 벽면은 책장으로 꾸며져 있었고, 가족들이 저마다 손에 책을 한 권씩 들고 독서를 하는 모습이 담긴 사진이었습니다. 이렇듯 선진국에서는 가족의 공동생활 공간에 책을 비치하고 다 같이 독서와 토론을 하는 것이 일상화되어 있습니다. 우리나라도 얼마 전부터 이러한 영향을 받아, TV와 소파 대신에 책과 책장 등으로 서재나 도서관처럼 거실을 꾸미는 인테리어가 유행하기도 했습니다.

학업 성취도가 높은 아이들의 공통된 특징 중 하나는 평소 독서량이 많다는 것입니다. 또한 이 아이들은 가정에서 부모님과 대화를 많이 나눈다고 합니다. 부모님은 거실에서 TV를 보면서 아이에게는 "책을 읽어라" 하고 열 마디 하는 것보다 어릴 적부터 아이 앞에서 책 읽는 모습을 보여주는 것이 훨씬 더 긍정적이고 효과적이라는 사실은 그 누구도 부인하지 않을 것입니다.

빌 게이츠의 아버지가 쓴 회고록 《게이츠가 게이츠에게》를 통해 특별한 아들을 키워낸 교육법을 엿볼 수 있습니다. 그는 자기 아들이 독서를 통해 사고력을 키우도록 도서관에 자주 함께 다녔다고 합니다. 또한 독서를 마친 후에는 함께 책 내용을 바탕으로 토론을 하였습니다. 이로써 어린 빌 게이츠는 사고력, 논리력, 표현력을 키울 수 있었다고 합니다. 빠르게 바뀌는 세상은 우리가 원하든 그렇지 않든 평생토록 배움의 자세로 임할 것을 요구합니다. 부모님과 자녀가 새로운 무언가를 함께 공부한다면 자연스럽게 대화도 많아질 것입니다. 그렇다면 여러분은 앞으로 부모님과 함께 무엇을 공부하고 싶은가요?

다가오는 제2의 벤처 붐 시대

"제2의 벤처 붐의 도래"

제1 벤처 붐 시대인 2000년대 초반에 새로 설립된 법인 기업은 연간 6만 개가 넘었습니다. 최근 10여 년 동안 매년 역대 최고치를 경신하다가 2020년에는 새로 설립된 법인 기업이 12만 개를 돌파하였습니다. 그리고 기업가치 10억 달러(약 1조 원) 이상 비상장 기업인 유니콘 기업 또한 2016년 2개에서 2020년 13개로 급증하였습니다. 이렇게 2000년대 초반 '제1 벤처 붐' 시대 주요 지표를 2배 이상 경신한 지표를 바탕으로 중소벤처기업부는 "제2의 벤처 붐이 도래했다"라고 발표하였습니다.

제1 벤처 붐은 IMF 시대 경제적 어려움을 타개하려는 정부의 벤처 육성 정책과 초고속 인터넷, 코스닥의 활성화 등의 요소 등이 맞물려 일어났습니다. 그렇다면 제1 벤처 붐 시대에 성공을 거둔 기업들의 사례를 한번 살펴볼까요?

한 공대생(이찬진)이 '사용하기 쉬운 한글 작성 프로그램을 만들 수는 없을까?'라는 생각을 하다가 대학교 컴퓨터 동아리원들과 한글 워드프로세서를 만들었습니다. 이를 바탕으로 1990년 10월 9일 한글과컴퓨터라는 회사를 설립하였고, '아래아한글' 프로그램으로 큰 성공을 거두었습니다. 전 세계 대부분의 나라가 마이크로소프트 워드(Microsoft Word) 프로그램을 사용합니다. 우리나라는 자국에서 개발한 워드프로세서 프로그램을 보유한 몇개 안 되는 나라 중 하나입니다.

1997년 서른한 살의 한 직장인(이해진)은 단어로 인터넷을 검색하는 서비스를 구상하였고, 2년 후에 네이버(Naver)의 전신인 네이버컴이라는 회사를 설립합니다. 그는 2007년 세계경제포럼에서 차세대 지도자로 선정되었고, 2012년 《포춘(Fortune)》에서 아시아에서 가장 주목받는 기업인 25명 중 한 명으로 선정되기도 하였습니다.

한 가지 사례를 더 들어보겠습니다. 대한민국에서 스마트폰을 쓰는 사람이라면 대부분 사용하는 프로그램이 카카오톡일 것입니다. 카카오톡을 개발한 사람은 그 당시 해외에서 스마트폰이 출시되는 것에 주목했습니다. 그는 PC의 시대에서 스마트폰의 시대로 전환하는 흐름을 인지하였습니다. 스마트폰 시대가 열리면 1:1 커뮤니케이션 서비스가 더욱 활성화할 것을 예측하고 카카오톡을 개발하였고, 당시 포탈 업계 2위인 다음커뮤니케이션즈와 합병하여 현재의 카카오를 만들었습니다.

위 창업가들의 면면을 파악하고 자신의 장점으로 삼아보면 어떨까요? 이 또한 유연한 배움의 자세라고 할 수 있을 것입니다. 먼저 그들은 현재 자신이 겪는 불편함을 불평하는 데에서 그치지 않고, 그 불편함을 해결하려고 노력하였다는 사실을 알 수 있습니다. '내가 해낼 수 있을까?' 하고 의심하기보다는 자신감을 품고 창의력을 발휘했습니다. 이 세상에 없던 새로운 것을 만들기 위해 인내심을 갖고 노력하였습니다. 그리고 이들은 시대의 흐름을 읽고 미래를 예측하는 능력을 지니고 있었음을 엿볼 수 있습니다.

이러한 제1 벤처 붐 세대의 성공 요인들을 발판으로 제2 벤처 붐의 주역들은 어떠한 새로운 것들을 만들어내고, 우리의 삶을 얼마나 크게 변화시킬까요? 그 변화의 중심에는 얼마 지나지 않아 사회에 첫발을 내디딜 여러분이 있을 거예요. 이 책을 읽고 있는 여러분 중 미래의 누군가는 그 변화의 선두에 서 있지 않을까요?

코로나19로 몸값 치솟는 프로그래머

코로나19(COVID-19) 팬데믹 이전까지만 하더라도 매일 학교에 가서 선생님과 마주 보고 수업을 하는 것이 당연한 일상이었습니다. 그러나 코로나19 팬데믹 이후 학생들은 원격 수업을 하게 되고, 직장인들은 재택근무를 하게 되면서 당연한 것만 같던 일상에 큰 변화가 생겨났습니다. 그리고 지역의 다양한 축제나 콘서트 등도 온라인상에서 이루어지고 있습니다. 특히 우리나라는 ICT(Information Communication Technology, 정보 통신 기술) 기반으로 원격 수업이나 재택근무가 가능하였기에 방역과 학업 및 업무의 효율성이라는 두 마리 토끼를 잡을 수 있었습니다.

이렇듯 코로나19로 인해 ICT 분야의 발전이 가속화되고 수요가 더욱 늘어나고 있습니다. 최근 불거진 자동차 반도체 부족 문제는 코로나19로 인해 대중교통을 기피함에 따라 자동차에 대한 수요가 증가한 영향도 있을 것입니다. 하지만 더 큰 원인은 ICT 발전으로 고가의 ICT용 반도체 수요가 급증하여 이를 더 많이 생산하게 되면서, 반도체 공급 업체들이 상대적으로 수익이 적은 저가의 자동차 반도체 생산을 줄였기 때문이기도 합니다. 다시 말해, 자동차 반도체 부족 문제가 쉽게 해결되지 않는 이유는 고가의 ICT용 반도체 수요가 넘쳐 나서 굳이 저가의 자동차용 반도체를 생산하지 않기 때문이죠.

이처럼 ICT 분야의 수요가 증가함에 따라 ICT 제품을 만들기 위한 프로그래밍과 코딩 작업의 수요 또한 증가하고 있습니다. 그러다 보니 현재 프로그래밍과 코딩을 할 수 있는 프로그래머가 매우 부족해지고 프로그래머의 몸값이 계속하여 치솟고 있습니다. 현재 중급 프리랜서 프로그래머의 연봉은 1억 원을 웃돌고 있습니다. 창의적이고 탄탄한 논리를 갖춘 프로그래밍을 해내는 사람들은 연봉 1억 원을 준다고 해도 구하기 쉽지 않습니다. 글로벌 IT 기업인 구글이나 메타(페이스북)의 신입 사원이 받는 초봉이 3억 원을 넘기도 합니다.

모두가 프로그래밍하는 미래 사회

세상에 다양한 언어가 있는 것처럼 다양한 프로그래밍 언어가 있습니다. 2010년 중반에 들어서며 여러 프로그래밍 언어 중 파이썬(Python)이 전 세계적으로 주목을 받기 시작했습니다. 프로그래머가 아닌 사람도 파이썬을 통해 쉽게 프로그래밍할 수 있게 되었기 때문입니다. 파이썬은 아래아한글을 사용할 정도라면 누구든 일주일 만에 실무에 바로 활용할 수 있을 정도로 배우기 쉽습니다. 이렇게 의료, 화학, 인공지능 등 다양한 분야에 종사하는

사람들이 프로그래밍을 하는 일이 가능해지면서 여러 기술 분야와 ICT 기술 간의 융합이 일어나고 있습니다. 앞으로 프로그래밍 활용 영역은 더욱 확대될 것이며, 여러분이 사회에 나가게 될 즈음에는 파이썬과 같이 컴퓨터와 소통할 수 있는 프로그래밍 언어가 요즘의 세계적 공용어인 영어처럼 필수적인 언어로 자리 잡게 될 것입니다.

지난 한 세기 동안 3차 산업혁명과 글로벌화로 세계 사람들 간에 영어가 필수적인 언어로 자리매김하였다면, 앞으로 다가올 4차 산업혁명에서는 사람과 기계 간의 의사소통이 더욱 확대될 것이며, 사람이 기계와 의사소통하기 위한 프로그래밍 언어가 필수적인 언어로 자리매김하게 될 것입니다. 가까운 미래 세상에 주인공으로 살아가기 위한 황금 열쇠가 될 수도 있는 프로그래밍과 코딩에 대해 알아봅시다.

CHAPTER 1
지금의 10대가 마주할
미래 세상 이야기

세상과
직업 세계의 변화

　1784년 세상에 증기기관차가 등장한 것을 기점으로 대략 100년 주기로 세상에 큰 변화가 일어나고 있습니다. 우리는 그것을 산업혁명이라고 부르는데, 그때마다 많은 사람의 삶에 커다란 변화가 찾아왔습니다. 새롭게 등장한 기계가 사람의 일을 대신하면서 일터를 잃은 사람들은 새로운 일자리를 찾아 나서야만 했던 것이죠. 우리는 그동안 개인용 컴퓨터(Personal Computer, PC)와 인터넷의 확산을 중심으로 하는 3차 산업혁명 시대를 살아왔습니다.

　그리고 이제는 한 단계 더 진보한 새로운 시대로 나아가는 과도기를 살아가고 있습니다. 2016년 세계경제포럼에서 '4차 산업혁명'이라는 말이 주창되었고, 《3차 산업혁명》의 저자 제러미 리프킨(Jeremy Rifkin)은 "현재 4차 산업혁명이 진행되고 있다"라고 말했습니다. 4차 산업혁명에 대한 정의는 시간이 조금 더 흐른 뒤에 명확해지겠지만 그 핵심은 '융합'에 있습니다. 인공지능(Artificial Intelligence, AI), 빅 데이터(Big data), 사물인터넷(Internet of Things, IoT), 로봇공학, 무인 운송 수단과 같이 '융합'된 정보 통신 기술이 다시 한번 우리들의 삶을 바꾸어놓으려 하고 있습니다.

인공지능은 인간의 삶을 편리하고 이롭게 만들어주기도 하지만, 다른 한편으로는 우리를 긴장하게 만듭니다. 2016년 3월, 인공지능 바둑 프로그램인 알파고(AlphaGO)와 이세돌 기사(프로 9단)의 바둑 대결이 전 세계에 실시간으로 중계되었습니다. 세계 최고의 바둑 기사 중 한 명인 이세돌 구단이 인공지능과 대결에서 4:1로 패배한 결과는 인류에게 적잖은 충격을 안겨주었지요. 비록 이세돌 구단이 알파고를 상대로 3패 후 1승을 하였지만, 알파고에 당한 패배의 아픔으로 인해 얼마 후 은퇴를 선언하였습니다. 이후 알파고는 단 한 번도 인간에게 패배하지 않았습니다. 바둑계에서는 '인간 사이 경쟁에서 아무리 1등을 차지하더라도 어차피 알파고(AI)에게 패배할 수밖에 없다'라는 생각이 팽배해졌고, 일부 바둑 대회가 폐지되기도 하였습니다.

인간의 삶에 유용하도록 인간에 의해 만들어진 도구에 불과하던 인공지능 기술이 인간을 패배시키는 모습은 마치 영화에 자주 등장하는 기계가 인간을 지배하는 미래의 모습을 연상케 한 것 같았습니다. 물론 이것이 과장된 우려일 수도 있습니다. 그러나 한 가지 분명한 것은 앞으로 인공지능이 더욱 발전하면서 전통적인 많은 직업이 인공지능에 의해 대체될 것이라는 사실입니다.

이미 많은 제조업 공장에서는 로봇이 인간을 대신하고 있었습니다. 그리고 최근 코로나19가 전 세계적으로 창궐하면서 그 분야가 의료계, 교육계 등으로 다양하게 확대되고 있습니다. 2020년 초 이탈리아 한 지역의 병원에서는 타미(Tommy)라는 로봇을 도입했습니다. 이 로봇이 의료진을 대신하여 감염병 환자를 돌봄으로써 접촉으로 인한 감염 위험을 낮추기도 하였습니다. 여러분이 성인이 되어 직업을 갖게 될 즈음엔 어떤 직업이 이 세상에 남아 있고, 또 어떤 직업이 사라지게 될까요?

4차 산업혁명 시대와 프로그래머

4차 산업혁명 시대가 도래함에 따라 미국, 중국 등 소프트웨어(Software, SW) 분야 주요 선진국뿐만 아니라 디지털 역량을 갖춘 모든 국가에서 주요 산업들이 소프트웨어 중심으로 재편되고 있습니다. 이는 소프트웨어 인재 보유 여부가 기업의 생존 여부를 결정하게 되며 나아가 국가의 경쟁력을 판가름하게 될 것이라는 사실을 의미합니다.

그렇다면 '4차 산업혁명 시대를 살아갈 우리는 과연 무엇을 어떻게 준비해야 할까요?'

이미 10대 여러분 중 대다수가 스스로 해답을 찾아가고 있는 것 같습니다. 최근 교육부가 여러분과 같은 초·중·고 학생 2만여 명을 대상으로 한 미래 희망 직업 조사 결과를 발표하였습니다. 이번 조사 결과에 따르면 프로그래머, 가상현실 전문가 등이 포함된 컴퓨터공학자, 소프트웨어 개발자의 순위가 중학교에서는 8위, 고등학교에서는 4위로 각각 상승하였습니다. 온라인 기반 산업이 발달하고, 코로나19가 장기화함에 따라 학생들의 온라인 기반 활동이 늘어난 것이 원인으로 분석되고 있습니다. 프로그래머 혹은 개발자는 컴퓨터가 발명된 후 등장한 직업으로 최근 들어 그 수요가 더욱 늘어나고 있으며 이러한 추세는 앞으로도 계속될 것입니다.

의식하든 그렇지 않든 우리는 아침에 눈을 뜨고 다시 잠자리에 들 때까지 프로그래머의 손길이 닿은 무언가를 사용하고 있습니다. 예를 들어볼까요? 아침에 울리는 알람 시계, TV를 켤 때 사용하는 리모컨을 비롯해 냉장고, 세탁기, 에어컨, 공기 청정기 등과 같이 전기를 사용하는 전자 제품이라면 이것을 만드는 데 대부분 프로그래머가 참여했다고 말할 수 있습니다. 기존에 없던 전자 제품이 생겨나면서 그 종류가 다양해지기도 하고, 한 가지 제품의 기능이 더욱 확장되면서 프로그래밍의 영역도 넓어지고 있습니다.

최근 전 세계적으로 자동차용 반도체 부족으로 자동차를 만드는 데 차질이 생겼다는 뉴스를 들어보았을 것입니다. 반도체는 자동차가 어떠한 동작을 해야 하는지 기록해놓는 공책에 비유할 수 있습니다. 반도체에 자동차가 어떠한 동작을 할지 기록하는 일이 코딩이며, 이는 필기에 비유할 수 있습니다. 과거에는 자동차를 만드는 데 반도체가 필요하지 않았지만, 오늘날에는 반도체가 포함된 다양한 전자 기기가 자동차에 탑재되고 있습니다. 고급 자동차 혹은 전기 자동차 같은 경우에는 생산 원가에서 전자 기기가 차지하는 비중이 절반을 훨씬 넘어섰습니다. 자동차는 더 이상 기계가 아니라 전자 기기라는 말까지 나오고 있습니다.

이처럼 자동차에 전자 기기가 탑재되는 경우가 늘어남에 따라 자연스레 반도체의 수요도 증가하고 있습니다. 그리고 반도체에 코딩과 프로그래밍을 담당하는 프로그래머의 역할도 계속하여 커지고 있습니다. 최근에는 특히 자율 주행과 같은 프로그램을 개발하기 위해 프로그래머에 대한 수요가 계속하여 늘고 있습니다. 그 외에 스마트폰 앱(App)부터 로봇, 인공지능까지 우리의 일상 깊숙이 자리 잡은 이 모든 것이 프로그래머의 손을 거쳐 만들어지는 시대입니다. 이처럼 이전보다 프로그래머가 우리의 삶과 세상의 변화에 기여하는 바가 커졌고 앞으로 그 역할은 더욱더 커질 것입니다.

우리나라의 코딩 교육

여러분이 2000년대 초반 이후에 태어났다면 프로그래밍의 시작이라고 할 수 있는 코딩이라는 것을 이미 학교에서 배웠거나 배우고 있을 것입니다. 여러분의 부모님 세대의 학창 시절에는 없던 과목이지만, 2018년부터는 초등학교 고학년과 중학생을 대상으로 소프트웨어 수업을 시행하고 있습니다. 초등학교에서 연간 17시간 이상의 소프트웨어 교육이 의무화되었고, 중학교에서도 정보 과목을 34시간 이상 필수로 이수하도록 하였습니다.

하지만 아직 코딩 교육 전문 교사가 부족하여 제대로 된 코딩 수업은 매우 제한적으로 이뤄지고 있는 현실입니다. 실제 컴퓨터를 이용한 코딩 수업을 받아본 학생은 소수에 불과한 실정입니다. 만일 자신이 컴퓨터 코딩을 직접 해보았다면 운이 좋다고 할 수 있겠습니다. 2000년대 초반까지만 해도 IT(Information Technology) 강국으로 불리던 대한민국이 소프트웨어 인재 양성에는 두각을 나타내지 못하고 있습니다. 소프트웨어에 관심을 두고 공부하는 한국인들도 '코딜리티(Codility)'와 같은 코딩 테스트에서는 전 세계 평균을 밑도는 하위권에 머문다고 합니다.

다행히 우리나라 정부는 대한민국의 소프트웨어 인재를 양성하기 위해 다방면으로 적극적인 지원에 나서고 있습니다. 우선 장기적인 대책으로 2015년에 소프트웨어 중심 대학 사업을 시작하여, 2021년까지 전국 총 41개 대학에 누적 액수 3,200억 원 이상을 지원해오고 있습니다. 그 결과 소프트웨어 중심 대학 입학 정원이 사업 시작 첫해보다 8배가량 늘어났다고 합니다. 또한 소프트웨어 중심 대학의 취업률은 다른 대학들의 취업률에 비해 10% 이상 높은 것으로 조사되었습니다. 현장에서 필요로 하는 능력을 갖춘 인재들이 환영받고 있는 것이겠지요. 소프트웨어 관련 학과에 진학하기를 희망한다면 학생부 종합 전형 이외에 2018년부터 시행되고 있는 소프트웨어 특기자 전형에도 관심을 두고 살펴볼 필요가 있습니다.

소프트웨어정책연구소에서는 향후 5년간 소프트웨어 분야 신규 인력 수요를 35만여 명으로 보았으며, 이 중 3만 명 정도가 부족할 것으로 예상했습니다. 그래서 정부는 일선 기업들에 닥칠 구인난 해소를 돕기 위해 발 벗고 나서고 있습니다. 정부가 대학을 통해 소프트웨어 인재 양성에 직접적으로 지원하는 방법과 더불어 중소기업, 벤처 기업 등 민간 기업이 주도하고 정부가 이를 지원하는 방식으로 소프트웨어 인력을 양성하겠다는 계획을 밝혔습니다. 대상자는 현재 기업 재직자, 경력 단절 여성, 제조업 등 전통 산업 퇴직자, 군 장병 등으로 다양합니다. 여러분이 의지만 있다면 소프트웨어 인재로 거듭날 기회는 열려 있습니다.

04

외국의
코딩 교육

　그렇다면 구글과 애플 등 굴지의 IT 기업이 둥지를 틀고 있는 미국의 상황은 어떨까요? 미국에서는 수년 전부터 대대적으로 코딩 학습 캠페인을 벌이고 있습니다. 학생들이 code.org와 같은 웹사이트에 접속하여 학교 밖에서도 스스로 코딩을 학습할 수 있도록 여건을 조성해주며 권장하고 있는 것이죠. 미국 역대 대통령과 빌 게이츠(마이크로소프트), 마크 저커버그(메타, 전 페이스북)와 같은 IT 업계 유명 CEO들은 코딩을 바탕으로 자신의 사업을 일구어온 만큼 누구보다 코딩 학습이 중요하다고 말하고 있습니다. 사실 코딩 신동으로 불렸던 하버드대 학생 마크 저커버그의 뒤에는 그가 중학생일 때부터 그에게 코딩을 가르친 아버지 에드워드 저커버그가 있었습니다.

미국 이외의 다른 선진국에서도 온라인 코딩 교육을 육성하기 위한 투자를 아끼지 않고 있습니다. 영국은 2014년 9월부터 초·중등 학교 정규 교육과정에 소프트웨어를 필수과목으로 포함했습니다. 만 5세부터 16세까지 모든 학생이 코딩 교육을 받고 있습니다. 코로나19 예방 백신을 구하려고 각국 정부가 발을 동동 구를 때 가장 먼저 백신 접종을 시행했던 이스라엘은 놀랍게도 이미 30년 전부터 소프트웨어 교육을 정규 과목으로 편성하여 교육하고 있습니다. 핀란드도 위 나라들보다는 다소 늦기는 하였으나 2016년에 소프트웨어 교육을 의무화하여, 학년에 따라 스크래치(Scratch), 앨리스(Alice), 로고(Logo) 등의 프로그래밍 언어를 교육하고 있습니다.

05

MIT
컴퓨터 단과대학

60여 년 전 미국 MIT(Massachusetts Institute of Technology) 대학교에서 '인공지능(AI)'이라는 말과 개념이 탄생했습니다. 이 대학교는 2019년에 인공지능을 이공계는 물론 인문사회 계열 학생이 사용해야 할 '미래의 언어'로 규정하고, 인공지능을 모든 학생에게 가르치고 다른 학문과 융합하는 단과대학을 만들었습니다.

1861년 개교한 MIT는 반도체, PC, 모바일 혁명 등에서 발전을 이끌었으며, 노벨상 수상자를 93명 이상 배출한 세계적인 명문입니다. 이런 대학이 인공지능의 깃발 아래 모든 것을 바꾸려고 교육과정과 대학 조직을 개편하고 교수 임용 방식도 바꾸고 있습니다. MIT 라파엘 리프 총장은 "모든 학생을 이중 언어자로 키우겠다"라고 말했습니다. 다시 말해, 생물학·기계공학·전자공학 등 공학은 물론 사회·경영·역사 등 인문사회학을 전공하는 학생들도 인공지능이라는 언어를 자신의 전공과목과 함께 의무적으로 배워 연구에 자유자재로 활용할 수 있도록 하겠다는 것입니다.

이제 더 이상 프로그래밍 언어는 공학자들만 배우는 언어가 아닌 기계와 소통하기 위한 모든 사람이 배워야 하는 언어가 되어가고 있습니다.

프로그래밍을 교양 과목으로 개설한 서울대학교와 성균관대학교

　그래도 아직은 프로그래밍, 코딩이 자신과는 상관없는 분야인 것처럼 느껴지시나요? 국내 대학교의 교육과정을 살펴본다면 여러분의 가까운 미래에 대해 미리 알아볼 수 있을 것입니다. 고등학교를 졸업하고 대학교에 진학한다고 가정하였을 때, 대략 5년 내외의 가까운 미래가 되겠지요?

　먼저 서울대학교의 예를 보면, 예비 신입생을 대상으로 하는 기초 교양 교과과정을 '학문의 기초, 학문의 세계, 선택 교양' 세 부문으로 나누어서 운영하고 있습니다. 그중 '학문의 기초' 부문에 '컴퓨터와 정보 활용'이 포함되어 있는데, 하위에는 '인공지능 입문, 컴퓨팅 기초, 컴퓨터 과학적 사고와 실습' 등 여섯 과목이 있습니다. 그중 두 과목을 제외한 나머지는 모두 컴퓨터공학 전공이 아닌 학생 대상 과목입니다. 한 예로 '컴퓨터의 개념 및 실습' 과목에 대해 다음처럼 소개하고 있습니다.

> 컴퓨터를 처음 접하는 학생들을 대상으로 컴퓨터에 대한 일반적인 기초 개념 등을 설명하고, 프로그램이 수행되는 과정과 프로그램 작성을 위한 논리적인 사고에 대하여 강의한다. 이와 같은 기초 지식을 바탕으로 C 프로그래밍 언어를 사용하는 방법을 습득한다.

그리고 '인공지능 입문'에서는 다음과 같이 소개하고 있습니다.

> 인공지능이 모든 산업 분야를 혁신하는 핵심 원동력 역할을 할 것으로 기대하며 인문학, 사회과학, 예술 분야 전공자뿐만 아니라 자연과학, 의약학, 공학 전공자들에게 인간에 대한 정보과학적인 시각을 이해하고, 디지털 시대에 인공지능에 의한 문제 해결 능력과 산업 및 사회 변화에 대한 통찰력을 제공하게 될 것이다.

'컴퓨팅 기초' 과목은 프로그래밍에 대한 사전 지식이 없는 학생들을 위한 수업으로 다음과 같이 소개하고 있습니다.

> 블록 코딩, 파이썬, HTML, 웹 크롤링, 데이터 시각화 등 현재 디지털 사회를 이해하는 데 요구되는 다양한 주제를 강의와 실습을 병행하여 공부한다. 문제 중심의 실습 과제들은 학생들에게 컴퓨팅이 자신의 전공 분야에 어떻게 응용되는지 생각해볼 수 있게 디자인되어 있다.

이 과목 역시 컴퓨터공학 이외의 비전공자를 대상으로 하고 있음을 알 수 있습니다. 또한 해당 학교에서는 프로그래밍을 공부하고자 하는 문과 계열 학생들이 컴퓨터공학과의 코딩 수업에 몰려들어 매 학기 수업 정원이 꽉 차서 아예 문과 학생을 위한 수업을 추가로 개설하고 있다고 합니다.

영국의 글로벌 대학 평가 기관인 타임스 하이어 에듀케이션 (Times Higher Education, THE)이 2021년 서울대학교, 카이스트 (KAIST)에 이어 3위로 선정한 성균관대학교도 살펴보려고 합니다. 하지만 성균관대학교에서 개설한 교양과정에서는 컴퓨터 혹은 정보 관련 과목을 찾아볼 수 없습니다. 이 대학교에서는 아래와 같은 이유로 데이터 사이언스(Data Science, DS) 교육과정을 다른 교양 과목과 따로 떼어 편성해놓았기 때문입니다.

> 소프트웨어와 인공지능 분야에 대한 사회적 중요성과 필요성이 증대되는 만큼 이에 대한 창의 융복합 교육을 강화하기 위해 2021학년도부터 DS 교육과정을 교양, 전공 교육과정과 별개의 교육과정으로 독립하여 신설하였다.

이 교육과정은 DS 기반 영역과 DS 심화 영역으로 나뉘어 있는데, 전자는 선택이 아닌 필수 영역으로 학생들이 '컴퓨팅 사고와 소프트웨어 코딩, 문제 해결과 알고리즘, 인공지능 기초와 활용, 데이터 분석 기초' 네 과목 모두 수강하도록 개설했습니다.

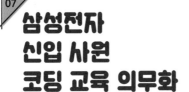

07

삼성전자
신입 사원
코딩 교육 의무화

우리나라 최고의 회사일 뿐만 아니라 전 세계 최고의 전자 제품 생산 기업인 삼성전자에서는 신입 사원의 코딩 교육을 의무화했다고 합니다.

2022년 삼성전자 반도체 부분에 입사한 신입 사원은 직군에 상관없이 6주간 파이썬, 자바 등의 기초 프로그래밍 언어를 비롯한 소프트웨어 교육을 받아야 합니다.

삼성전자의 경영진은 코로나19 이후 기업 환경이 디지털화되고 있으므로 모든 직원이 기본적인 소프트웨어 활용 역량을 갖춰야 한다고 판단하고, 모든 직원의 개발자화를 추진하고 있습니다.

삼성전자는 국내 기업의 채용·교육 문화를 선도해왔으므로 다른 기업들의 인재 교육 시스템에도 이와 같은 변화를 일으킬 것이라 예상됩니다.

삼성전자의 경영진은 **'자신의 담당 직무를 넘어설 수 있는 융복합 인재'**가 세계적 기업을 이끌어갈 수 있는 인재상이라고 말하고 있습니다.

학습의 유연성

단언컨대, 과거에 배웠던 것을 활용하는 시대는 지났습니다. 습득해야 할 새로운 지식이 빠른 속도로 등장하므로 이제는 모르는 것을 매일 배우고 습득하며 활용해야 하는 시대로 진입하였습니다. **'내가 한 번도 해본 적 없던 일들을 어떻게 해내지?'**라며 자신을 의심할 수 있겠지요. 하지만 여러분은 이미 유년 시절부터 잘해오고 있었습니다. 예들 들어, 우리가 어떤 게임을 처음 접했을 때를 한번 떠올려볼까요? 처음부터 그 게임을 잘 알고 있어서 잘할 수 있었던가요? 그렇지 않았지요. 새로운 게임을 시작할 때마다 시행착오를 반복하면서 게임에 점점 능숙하게 되었을 거예요.

이와 마찬가지로, 앞으로 여러분이 새로운 업무를 수행할 때에도 '해본 적 없는 일이라서 혹은 배우지 않은 일이라서 나는 할 수 없어'라는 생각 대신 빠르게 배워서 자신의 업무에 활용해야 하겠다는 마음가짐으로 임해야겠습니다. 새로운 배움에 도전하다 보면 상대적으로 더 잦은 실패를 겪을 수도 있겠지요. 그렇지만 도전한다는 '용기'와 늘 새로운 것을 배울 준비가 되어 있다는 '유연한 마음가짐'은 앞으로 여러분에게 어떠한 어려움이 닥치더라도 타파해낼 수 있는 큰 무기가 될 것입니다. 이러한 마음가짐이 있는 여러분이라면 앞으로 자신의 삶에서 더 많은 기회를 얻게 될 것입니다.

대한민국 국민이면 누구나 알고 있는 현대그룹의 창업주인 고 정주영 회장은 "부지런하면 두려울 것이 없다"라고 하였습니다. 타고난 것이 많지 않다고 생각하는 사람에게 용기를 주는 말입니다. 우리는 이제 육체적으로 부지런한 것과 더불어 인지적으로 부지런한 인재가 되어야 합니다.

어느 한방 병원을 운영하는 한의사는 자기 일에 안주하지 않고 최근 6개월 동안 알고리즘, 웹 프로그래밍, 데이터 분석, 인공지능에 관해 공부했고, 지금도 병원에서 낮에는 환자들을 진료하고 진료가 없는 시간에는 코딩 공부를 병행하고 있다고 합니다. 그는 인터뷰에서 "코딩을 직접 배워 한의약 분야의 디지털 전환에 도움이 되는 혁신적인 플랫폼을 만들고 싶다"라는 포부를 밝혔습니다. 한의대 재학 시절 교수님께서 "미래에는 인공지능에 데이터를 입력하는 직업만 살아남는다"라고 하신 말씀을 마음에 새기고 자신의 분야를 넘어선 새로운 도전을 실천하고 있는 것이지요. 머지않아 메타버스(Metaverse, Meta+Universe) 한 의원에서 그를 만나볼 수도 있겠습니다. 이처럼 자신의 전공과 관련이 없는 코딩이라는 분야에 관심을 두고 공부하는 사람들이 점차 늘어나고 있습니다.

★ 1장에서 배운 것을 정리해봅시다 ★

* 우리는 인공지능(AI), 빅 데이터(Big data), 사물인터넷(IoT) 등을 특징으로 하는 4차 산업혁명이라 일컬어지는 시대를 살아가고 있고 이 기술들은 더욱 고도화되고 지능화될 거예요.

* 선진국을 포함한 다수의 국가에서 주요 산업이 소프트웨어 중심으로 재편되고 있습니다.

* 소프트웨어 인재를 육성하고 보유하는 것이 기업과 국가의 흥망성쇠를 결정하는 열쇠로 여겨지고 있어요.

* 미국, 영국, 이스라엘, 핀란드 등 소프트웨어 주요 선진국에서는 우리보다 앞서 코딩 교육에 대한 투자를 시작하였습니다.

* 국내외 유수 대학들은 인공지능 기술이 미래의 기업과 국가 경쟁력을 좌우할 수 있는 중요한 기술임을 인식하고 신입생을 대상으로 컴퓨터 관련 교양 과목을 개설하여 운영하고 있습니다.

* 내로라하는 글로벌 기업은 모든 직원의 개발자화를 추진하며 신입 사원을 대상으로 하는 연수 주제로 코딩과 프로그래밍을 다루기 시작하였습니다.

* 하루가 다르게 새로운 기술이 등장하는 세상을 살아가기 위해 우리가 갖추어야 할 것은 새로운 것을 배우고자 하는 유연한 마음가짐입니다.

★ QUIZ ★

Q1 《3차 산업혁명》의 저자 제러미 리프킨은 현재 '이것'이 진행되고 있다고 하였습니다. '이것'은 무엇일까요?

① 1차 산업혁명 ② 2차 산업혁명

③ 3차 산업혁명 ④ 4차 산업혁명

Q2 4차 산업혁명의 핵심 요소 중 하나로서 '인터넷을 기반으로 모든 사물을 연결하여 데이터를 주고받는 기술 및 서비스'는 무엇일까요?

① 인공지능(Artificial Intelegence, AI) ② 빅 데이터(Big data)

③ 사물인터넷(Internet of Things, IoT) ④ 무인 운송 수단

Q3 앞으로 프로그래밍 능력은 컴퓨터 전공자 또는 예비 프로그래머에게만 요구되는 능력이다.

O   X

Q4 전기가 잘 통하는 도체와 통하지 않는 절연체의 중간적인 성질을 나타내는 것으로, 최근에 '이것'이 부족하여 자동차 생산에 차질을 빚기도 하였습니다. '이것'은 무엇일까요?

답: ─────────────

CHAPTER 2
프로그래밍을 알면 세상을 보는 눈과 마인드가 달라진다

기계의 언어와 인간의 언어는 어떻게 다를까?

01

외국어를 빠르게 습득하기 원할 때, 그 언어가 모국어인 친구를 사귀는 것이 좋은 방법이라고 하지요? 상대가 연인이라면 아마도 자신의 마음을 전달하고 또한 상대방의 마음을 얻고 싶어서 그 사람의 언어를 더욱더 열심히 공부하게 될 것입니다. 상대가 전자 기기와 같은 기계일 때도 마찬가지입니다. 기계가 이해할 수 있는 언어를 사용해야만 인간이 얻고 싶은 것을 내놓을 것입니다. 기계의 언어와 인간의 언어의 차이점에 대해 알아볼게요.

어느 날 여러분이 매콤한 떡볶이를 먹고 싶어서 분식집에 갔다고 가정해보세요. 주문할 때 "사장님, 주문할게요. 김밥 아니, 쫄면… 아니, 그것도 아니고 그냥 떡볶이 1인분만 주세요"라고 한다면 어떻게 될까요? 여러 가지 상황이 벌어질 수 있지만 그래도 어찌어찌하여 떡볶이는 먹을 수 있을 것입니다. 만약 기계가 이와 같은 주문을 받는다면 어떨까요? 아마도 기계가 주문을 제대로 이해하지 못해서 주문한 사람은 아무 음식도 먹지 못하거나, 엉뚱한 음식을 받게 될지도 모르겠네요.

지금 여러분이 매일 사용하고 있는 스마트폰의 음성 비서 프로그램은 어떨까요? 안드로이드에는 '오케이 구글', 아이폰에는 '시리'라는 프로그램이 탑재되어 있습니다. 지금 음성 비서에게 이렇게 말씀해보시겠어요? "오케이 구글(시리야), 댄스 음악 말고, 클래식 말고, 재즈 말고, 록 음악 틀어줘"라고 말이죠. 여러분은 아마도 록 음악이 아닌 댄스 음악을 듣게 될 것입니다. 상대방으로부터 내가 원하는 무언가를 얻기 위해서는 상대방의 언어로 상대방이 이해할 수 있도록 이야기해야 합니다. 의사소통은 내가 할 수 있는 말을 하는 것이 아니라, 상대방이 이해할 수 있는 말을 할 때 원활히 이루어지는 것이니까요.

위 이야기에서 보았듯이 기계는 복잡한 인간의 언어를 잘 이해하지 못합니다. 기계는 단순한 일을 빠르게 처리하는 것에 있어서는 인간보다 나을 수 있지만, 인간이 하는 것처럼 복잡한 것을 이해하는 것은 매우 힘들어합니다. 우리가 기계를 편리하게 사용하기 위해서는 기계를 원하는 대로 작동하도록 만드는 방법을 어느 정도는 이해하고, 또한 기계와 의사소통하는 방법을 터득해야만 합니다.

음성 명령 기능, 얼마나 알고 사용하고 있나요?

여러분은 시리에게 어떤 것들을 요구해보셨나요? "시리야, 오늘의 뉴스 들려줘." "내일 날씨 알려줘." 그 밖에도 시리는 여러분이 라면을 끓일 때 가장 맛있는 면발을 즐길 수 있도록 타이머 역할도 할 수 있습니다. 덧셈, 뺄셈, 곱셈, 나눗셈 등 계산 기능도 가능하고요. 요즘 자동차에는 시리나 구글처럼 음성으로 명령을 수행할 수 있는 여러 가지 기능이 탑재되어 있습니다. 어떠한 기능들이 있는지 함께 떠올려볼까요? "○○에게 전화해줘." "○○식당으로 안내해줘." "창문 내려줘." 여러분의 부모님은 그밖의 어떤 기능을 얼마나 자주 사용하시나요? 여러 개의 버튼을 일일이 누르는 것보다 훨씬 간편하게 운전자가 필요한 것을 얻을 수 있으니 너무나 편리합니다.

그런데 어떤 사람은 이러한 음성 명령 기능을 잘 사용하는 반면에 다른 어떤 사람들은 잘 사용하지 않습니다. 내가 지불한 자동차 값에 이에 대한 비용도 포함되어 있는데도 말이죠. 똑같은 기계 혹은 기능인데, 왜 어떤 사람은 잘 사용하여 편리함을 누리는 반면에 다른 어떤 사람은 사용하지 못하는 것일까요?

　　이 기능을 충분히 잘 활용하는 사람이 있으므로 이러한 차이를 기계의 문제라고 얘기할 수는 없습니다. 이것은 바로 사용자 역량의 차이에 따른 것입니다. 운전자가 음성 명령의 원리를 조금만 알고 있다면 이 기능을 사용하는 것이 어렵지 않습니다. 하지만 음성 명령이 어떻게 처리되는지 전혀 알지 못하는 사람은 마치 사람에게 말하듯 명령할 것이고, 기계와 소통하는 데 어려움을 겪게 돼서 결국 사용하지 않고 마는 것이겠지요. 자동차는 기계이지 사람이 아닙니다. 그러니 사람에게 말하듯 할 것이 아니라 기계가 알아들을 수 있도록 말해야 합니다.

　　물론 음성 명령 기능을 사람처럼 알아듣게 할 수도 있지만, 그러려면 추가적인 프로그래밍이 요구되고 음성 명령 기능 한 가지를 탑재하는 것이 자동차 한 대 가격보다 비싸지는 결과를 낳을 수도 있습니다. 최고의 기계를 가장 비싼 값에 살 것이 아니라면 그 기계를 사용하는 사람이 기계의 언어에 적응해야만 하겠지요? 그렇지 않으면 내 돈 주고 내가 산 음성 명령 기능은 무용지물이 되고 말 테니까요.

03 인간의 언어와 기계의 언어

그렇다면 기계의 언어는 인간의 언어와 무엇이 어떻게 다를까요? 기계와 잘 소통하기 위해 기계의 언어에 대해 더 자세히 알아보겠습니다. 복잡하게만 보이는 기계의 언어는 놀랍게도 0과 1로 이루어져 있으며, 아무리 복잡한 기계라도 0과 1만으로 동작합니다. 하지만 보통 문자로 된 언어를 사용하는 인간이 기계와 소통하기 위해 숫자 0과 1로만 이루어진 기계어로 소통하기에는 큰 어려움이 따릅니다.

그래서 인간은 기계와 조금 더 쉽게 소통하기 위해 프로그래밍 언어를 개발하였습니다. 인간의 언어로 된 프로그래밍 언어는 통역가 역할을 해주는 번역기를 거치면서 0과 1로 된 기계어로 변환되어 인간과 기계 사이에 의사소통이 훨씬 더 수월하도

```
01100111 11111100 01111101 01111101 11011101 11001010 11110000 10011110 11101111 10100000 10010111 00100001 01000011 00011100
01100010 10011001 00010010 01011111 11011001 10011100 11010101 11011010 10111011 00011101 10101100 10101111 10011011 10000010
00101001 00011001 10001000 11100110 10011101 01111011 10111010 10001100 01010010 11011100 11100011 10111011 10110010 10000010
10011001 01010010 01001001 00000100 00011011 10011001 00010000 01010011 10011010 11101100 10011001 10111001 00011011 00000101
01000011 11010010 10001111 11001101 01111011 01111011 01110110 10001100 10101010 11011101 11101001 10111001 01110111 11010011
01000101 01010010 10001011 11101000 10011011 10001010 00100010 01010001 01000101 11010110 10110011 00011111 10010111 11010011
00100011 10010010 10011010 11101011 11011010 10111100 10001010 10010101 01010001 11011001 11001111 10011000 10101111 01011011
10001011 01000011 01000111 00011110 01101010 00000010 11100001 00010100 10010010 10000010 00010001 00011001 10000100 00010111
10100101 01111001 00111001 10001001 01101010 01000111 01011101 10010011 01101010 00111010 11001110 01010110 01011101 01010111
10011100 00101000 10010110 00101100 01010010 10000100 01001001 00111101 00010101 10100010 10001010 11101110 10010110 00110011
10011011 00101000 00010110 01000011 10001011 10001010 10000010 11010001 11010101 00001011 01101010 10010101 11101101 10000101
10001111 00100010 10010100 01000011 10001001 10001011 10011010 11100010 10101100 10001101 01110110 10010010 01110110 01010010
10100110 10111110 01110110 10101011 10011001 10001010 01010010 11010010 11001000 11010111 01011100 10010001 00010101 11010011
01000110 10110111 11001001 01100010 01010101 01001011 00011011 10000001 00110101 00010010 01010101 01000011 00110011 01010101
10010011 01100001 01010101 11010010 10011101 00101010 01000101 11101111 01101011 10000011 10001010 10010101 01000001 10010001
11000001 10100100 01001000 00110110 01100010 01010101 01010010 11010010 10011010 01010101 01101010 01010101 10001000 00010010
01011010 11110110 01111101 11010101 01010110 01010101 01000110 11101100 10100011 10001010 11110110 01010101 10001010 01001000
10010110 11001001 01000110 01010111 01011010 11010101 00111011 01010101 00010010 10101001 10010101 10011011 01010001 01011001
10011001 01010100 01011001 10101010 01010010 01010101 11100001 01100101 10101011 10000010 10010010 00010001 10001010 00110011
10010111 00100010 01010110 01000001 00011101 10011011 01010101 11100010 01010101 10101101 00100110 01010101 01010111 00011001
01010010 10111101 11011001 10010001 10011001 00010100 01011101 01010001 10101100 10000111 01010010 10011011 01101010 10010010
00100100 10111110 00110111 01010101 01010100 00101010 10001010 01010101 01010101 01010101 10100010 10010101 00011010 10001010
01101011 10100100 01001000 00110110 01100010 01010101 01010010 11010010 10011010 01010101 01101010 01010101 10001000 00010010
11000001 10100100 01001000 00110110 01100010 01010101 01010010 11010010 10011010 01010101 01101010 01010101 10001000 00010010
10110011 01010010 01010101 00000100 00011011 10011001 00010010 01010101 10011011 10101100 10101001 01101011 01010101 00000101
01000111 01010010 10001010 11100110 10011101 01111011 01111011 01111011 10001010 01010001 11110110 10101010 01010111 01010001
10010011 01010100 01011011 10101010 01010010 01010101 11100001 01100101 10101011 10000010 10010010 00010001 10001010 00110011
10010111 00100010 01010110 01000001 00011101 10011011 01010101 11100010 01010101 10101101 00100110 01010101 01010111 00011001
01111011 00100010 01010110 01100111 01101010 01010111 01011010 11010101 00111011 01010101 00010010 10101001 10010101 10011011
01000101 11001010 10101010 00110101 01010101 01010101 01010101 11100010 01010101 10101101 00100110 01010101 00000100 00010010
11000001 10101010 10101011 01110101 01010110 01010101 01000110 11101100 10100011 10001010 11110110 01010101 10001010 01001000
01001101 10100100 01001000 00110110 01100010 01010101 01010010 11010010 10011010 01010101 01101010 01010101 10001000 00010010
01000110 10110111 11001001 01100010 01010101 01001011 00011011 10000001 00110101 00010010 01010101 01000011 00110011 01010101
01110010 10101010 01010010 10000100 01001001 00111101 00010101 10100010 10001010 11101110 10010110 00110011 00000101 00010011
01111011 00100010 01010110 01100111 01101010 01010111 01011010 11010101 00111011 01010101 00010010 10101001 10010101 10011011
00010111 00100010 01010110 01000001 00011101 10011011 01010101 11100010 01010101 10101101 00100110 01010101 01010111 00011001
11000001 10100100 01001000 00110110 01100010 01010101 01010010 11010010 10011010 01010101 01101010 01010101 10001000 00010010
```

0과 1로만 이루어진 기계어[1]

록 해줍니다. 지금도 사람들은 기존의 프로그래밍 언어보다 조금 더 쉽게 기계와 소통하기 위해 계속해서 새로운 프로그래밍 언어를 만들고 있습니다. 그로 인해 현재도 수많은 프로그래밍 언어가 생겨나고 있습니다.

프로그래밍 언어는 기본적으로 특정한 조건에서 특정한 명령어를 수행하는 구조로 이루어져 있습니다. 우리가 흔히 문서 작업을 할 때 사용하는 한글 프로그램을 생각해볼까요? 작업을 마치고 난 후, 종료 버튼을 누르면 '저장', '저장 안 함', '취소' 중 원하는 기능을 선택하라는 창이 표시됩니다. 이때 '저장' 버튼을 누르면 파일이 저장되고 나서 종료되고, '저장 안 함' 버튼을 누르면 저장되지 않고 프로그램이 종료되며, '취소' 버튼을 누르면 다시 문서 작성 화면으로 돌아갑니다. 이렇듯 기계는 특정한 조건이 되었을 때 혹은 사용자가 어떤 조건을 선택하였을 때, 그에 해당하는 명령을 수행하도록 만들어져 있습니다.

프로그래밍 언어는 영어가 아니다

대부분의 프로그래밍 언어는 영어로 되어 있어서 처음에 이를 배우려고 할 때, 영어라는 장벽을 느끼는 사람이 많습니다. 당연히 영어에 익숙한 사람, 특히 영어가 모국어인 사람들은 이러한 심리적 장벽을 느끼지 않을 것입니다.

그러나 영어 때문에 너무 두려워할 필요는 없어요. 프로그래밍 언어는 단지 영어 알파벳이라는 도구로 이루어져 있을 뿐, 꼭 영어를 잘해야만 배울 수 있는 것은 아닙니다. 단지 알파벳 정도만 알고 있다면 누구든지 프로그래밍 언어를 배울 수 있다고 말씀드리고 싶습니다. 영어를 잘한다고 해서 프로그래밍을 잘하는 것은 아닙니다. 또한 영어를 못한다고 해서 프로그래밍을 못하는 것도 아닙니다.

1990년대만 하더라도 영어로 된 프로그래밍 관련 책들은 대부분 프로그래머가 아닌, 영어를 전공한 번역가들에 의해 한글로 번역되었습니다. 그러다 보니 'Visual Basic 5.0'(미국 마이크로소프트에서 개발한 프로그래밍 언어)이 '눈에 보이는 기본적인 것 5.0'이라고 번역되는 웃지 못할 일이 벌어지기도 하였습니다. 해당 번역가가 프로그래밍에 대해 조금이라도 알았더라면 아마 그러한 실수는 하지 않았을 것입니다. 이렇듯 프로그래밍의 세계는 영어만 잘한다고 해서 이해할 수 있는 세계가 아닙니다. 프로그래밍 언어는 영어의 문자 혹은 영어의 특정 단어를 가져다 사용하지만, 영어 문법이나 영어 번역기가 필요하지는 않습니다.

다만 프로그래밍 언어를 이해하기 위해서는 한국의 문화가 아닌 영어권 문화를 이해하고 있는 것이 유리할 수 있습니다. 최초의 프로그래밍 언어는 영국과 미국에서 만들어졌으며, 지금도 대부분의 프로그래밍 언어가 유럽과 미국에서 만들어지고 있기 때문입니다. 그러므로 영어권 문화, 특히 프로그래밍 언어를 개발한 개발자의 사고방식을 이해할 수 있다면 그 프로그래밍을 이해하는 데 유리한 것이 사실입니다.

프로그래밍과 프로그래밍 언어는 별개

05

넓은 의미의 프로그래밍은 컴퓨터를 이용하여 문제를 해결하는 과정을 말합니다. 프로그래밍을 이러한 의미로 정의할 때, 누군가 프로그래밍 언어를 안다고 해서 프로그래밍을 잘한다고 말할 수 없습니다.

그렇다면 프로그래밍을 잘하려면 어떠한 능력을 갖추어야 할까요? 이 질문에 대한 답은 유능한 프로그래머의 사고방식을 살펴보면 찾을 수 있습니다. 대개의 프로그래머는 어떠한 작업을 수행할 때 주먹구구식이 아닌 최적의 방법을 고민합니다.

미국의 한 프로그래머가 일본으로 여행을 떠나기 전에 계획을 세우던 중에 프로그래밍을 하게 되었습니다. 그는 여행 중에 유명한 라멘집을 최대한 여러 곳 방문하고 싶었습니다. 그래서 유명 라멘집 목록을 만들고 이것을 구글맵에 표시하여 각 라멘집을 연결하는 최적의 경로를 찾아내는 프로그램을 만들었던 것입니다. 이 프로그래머는 훗날 아버지를 위해 근무시간 최적화 프로그램인 클락스팟(Clockspot)을 개발하기도 했습니다.

우리나라 속담 중에 "모로 가도 서울만 가면 된다"라는 것이 있습니다. 이 방식은 프로그래머의 사고방식과는 전혀 맞지 않습니다. 알찬 여행 계획을 세우고 만족스럽게 여행해본 경험이 있다면 당신은 이미 프로그래머로서 한 가지 능력을 갖추고 있다고 말할 수 있겠습니다.

프로그래머는 논리력을 갖추어야 합니다. 논리력의 사전적 의미는 생각이나 추론 등을 이치에 맞게 하고 그것을 말이나 글로 잘 표현해내는 능력을 가리킵니다. 다만 유능한 프로그래머는 말이나 글 대신 프로그래밍으로 표현해내는 능력을 갖추고 있다고 할 수 있겠습니다.

마지막으로 유능한 프로그래머의 특징으로 창의성을 꼽을 수 있습니다. 기존의 문제 해결 방식이 아닌 완전히 새로운 관점에서 문제를 바라봄으로써 더욱 효율적으로 해결하는 것입니다. 이러한 의미의 창의성을 갖춘 훌륭한 프로그래머는 더 적은 비용과 노력, 그리고 더 짧은 시간을 들여 문제를 해결하는 것을 가능하게 합니다.

닭이 먼저인가 달걀이 먼저인가의 문제처럼 보입니다만 프로그래밍을 잘하기 위해서는 논리력과 창의력을 갖추어야 합니다. 동시에 프로그래밍을 하다 보면 자연스레 논리력과 창의력이 길러집니다.

문제 찾아내기

앞서 프로그래머가 문제를 해결하는 데 요구되는 능력은 창의력과 논리력이라고 말씀드렸어요. 그보다 더 중요한 것은 스스로 문제를 찾아내는 능력입니다. 우리나라의 교육 현장에서는 대개 문제가 주어지면 학생이 자신이 익혀온 지식이나 공식을 이용하여 빠르게 그 문제를 풀어내는 방식으로 교육이 이루어집니다. 이렇게 주입식으로 공부해온 학생에게 스스로 문제를 찾아내도록 하는 과업은 생소하고 어려울 수밖에 없습니다.

하지만 외국의 다수의 학교에서는 시험을 볼 때 학생 스스로 문제를 만들고, 자신이 만든 문제를 풀도록 하고 있습니다. 문제를 만드는 법부터 배우는 것이지요. 연구 분야에서 창의력이란 남들은 당연하게 생각하거나 혹은 약간은 불편하더라도 참고 마는 것을 문제로 인식하는 것을 의미합니다. 자신이 정의한 문제의 발생 원인을 분석하고, 이 문제의 원인을 해결하기 위한 다양한 방법을 찾아내고, 그 방법 중에서 가장 적합한 방법으로 문제를 해결해내는 것이 바로 유능한 프로그래머의 특징입니다. 문제를 만들 수 없다면 당연히 풀 수 있는 문제도 없습니다. 그리고 주어진 문제만 풀어서는 결코 뛰어난 프로그래머가 될 수 없습니다.

프로그래밍이란 기존에 익숙하게 행해지던 방식에 잠재된 문제를 찾아내고, 이 문제의 원인을 분석하여 새로운 방식으로 기계에게 명령함으로써 문제를 해결하는 과정이라고 할 수 있습니다. 성공적인 프로그래밍은 문제를 찾는 것부터 시작합니다.

프로그래머만 프로그래밍하던 시대는 지났다

40여 년 전 엑셀 프로그램은 컴퓨터 관련 학과나 회사 내 전산직 직원들만 사용했습니다. 그러나 지금은 엑셀을 할 줄 모르면 취업을 포기해야 할 정도로 일반화되었습니다. 마치 운전면허증이 필수 자격증이 된 것처럼 말이죠. 또 다른 예로, 요즘은 초등학생도 익숙하게 다루는 것이 스마트폰이지만, 20여 년 전 처음 등장했을 때에는 포스코(구 포항제철)와 같은 대기업에서 직원을 상대로 스마트폰 사용 방법에 대해 한 달여에 걸쳐 연수를 진행하기도 했습니다.

앞으로 수년 후에는 프로그래밍 혹은 코딩에 대해 이와 같은 이야기를 하면서 과거를 회상하는 일이 일어날 것 같습니다. "지금 우리 모두가 하고 있는 코딩을 예전에는 소수의 사람만 했다고 하더라"라고 이야기하면서 말이죠. 엑셀 프로그램을 다루거나 운전을 할 줄 아는 것이 기본적인 소양이 되었듯이, 곧 프로그래밍 능력도 선택이 아닌 모든 사람이 반드시 갖추어야 할 기본 역량이 될 것입니다.

몇 년 전부터 프로그래머가 아닌 다양한 업종에 종사하는 사람들이 프로그래밍을 배우고 있습니다. 금융업은 다른 분야에 비해 더욱 빠르게 전산화가 이루어졌던 업종입니다. 지금도 여느 분야보다 빠르게 자동화되고 인공지능화되며 급격한 변화를 겪고 있습니다. 많은 오프라인 은행 점포들이 사라지고 있고, 그에 따라 많은 직원이 다른 업무를 맡게 되거나 회사를 떠나고 있습니다. 이러한 변화의 물결 속에서 금융업 종사자가 회사에서 살아남기 위해 프로그래밍을 공부하고 있습니다.

의료 분야의 상황도 마찬가지입니다. 그동안 의학 전문가들은 병의 원인 및 치료법을 찾기 위해 다양한 연구를 해왔고 현재도 진행하고 있습니다. 그 결과 시간이 흐름에 따라 방대한 양의 연구 데이터가 누적되었습니다. 어느 한 개인이 이것을 분석하는 데에는 너무나 많은 시간과 노력이 요구되고, 결국 모두 분석하기란 사실상 불가능합니다. 그래서 요즘은 병의 원인 분석과 치료법 연구에 다양한 프로그래밍 방법이 도입되고 있습니다. 특히 빅 데이터 분석과 인공지능 부분에서 큰 성과를 내고 있습니다. 실제로 일본에서는 인공지능으로 목숨을 구한 환자가 등장하기도 했습니다.

한 60대 여성이 2015년 도쿄대학교 부속 병원에 입원해 해당 병원 의사들로부터 수 개월간 항암 치료를 받았지만 상태가 더욱 악화되었습니다. 이때 인공지능 왓슨(Watson)은 10분 만에 이 환자에게 또 다른 질병이 진행되고 있다는 진단을 내려 다른 항암제를 사용할 것을 제안하였습니다. 그 결과 그녀는 입원한 지 8개월 만에 퇴원할 수 있었다고 합니다. 이렇게 의학 분야에서도 인공지능에 대한 연구가 활발히 진행 중입니다.

08
은행으로 간
프로그래머,
프로그래머가 된
은행원

한 프로그래머가 은행 업무 전산화를 위해 은행에서 일하게 되었습니다. 그동안 프로그래밍을 잘해오던 이 프로그래머는 자신만만하였습니다. 그러나 은행 업무와 관련된 용어들을 이해하기가 너무나 어려워서 업무를 파악할 수가 없는 거예요. 대부, 대손, 대차, 대환, 대출 등 비슷하면서도 그 의미가 전혀 다른 용어들이 넘쳐났습니다. 또한 이 용어를 하나하나 이해했다고 그것이 끝이 아니었어요. 낯선 용어에 이어 복잡한 은행 업무를 이해해야만 했으니까요.

이 자신만만하던 프로그래머는 은행 업무에 대해 이해하는 것에 점차 장벽을 느끼고 좌절하기 시작했습니다. 그러나 은행원이 프로그래밍을 할 수는 없으니 이 프로그래머는 잘 알지도 못하는 용어들과 은행 업무들을 하나씩 배워가며 프로그램을 만들었습니다. 자신이 잘 알지도 못하는 분야에서 사용될 프로그램을 만든다는 것은 정말로 힘든 일이었습니다. 그는 밤샘 작업의 연속인 나날을 보냈습니다.

10여 년 전만 하더라도 프로그래밍 언어가 어려웠기 때문에 프로그램을 만드는 것은 온전히 프로그래머의 영역이었습니다. 그러다 보니 프로그래머는 자신의 업무와 연관성이 별로 없는 업무를 배워가면서 프로그래밍해야 했습니다. 그러나 요즘 들어서 새롭게 만들어지는 프로그래밍 언어들은 배우기가 점차 쉬워지고 있습니다. 꼭 고등학교나 대학교에서 프로그래밍 관련 전공을 하지 않은 비전공자라도 프로그래밍을 배워서 프로그램을 개발하는 것이 훨씬 쉬워졌습니다.

그러다 보니 많은 은행원이 컴퓨터에 일자리를 내주지 않기 위해 프로그래밍을 공부하고 있습니다. 그중 일부 은행원은 자신이 하던 업무를 컴퓨터 프로그램을 활용하거나 직접 프로그래밍하여 스스로 전산화하고 있습니다.

은행 업무에 대해 전혀 모르는 프로그래머가 만든 프로그램과 은행 업무에 대해 잘 알고 있는 은행원이 만든 프로그램 중에서 어느 프로그램이 더 잘 만들어졌을까요? 개발 초기에는 기존 프로그래머가 만든 프로그램이 보기 좋을지 몰라도 복잡한 은행 업무에 관한 것일수록 그 업무에 대해 잘 이해하고 있는 은행원이 만든 프로그램이 더 나을 것입니다.

이렇듯 가까운 미래에는 프로그래밍 기술이 프로그래머의 전유물이 아니라 관심이 있는 사람은 누구나 습득할 수 있는 기본 소양이 될 것입니다.

★ 2장에서 배운 것을 정리해봅시다 ★

* 기계어는 기계를 제어하기 위해 인간이 만든 언어입니다.

* 기계와 잘 소통하기 위해서는 기계의 언어를 잘 이해해야 합니다.

* 기계의 언어는 0과 1로 이루어져 있으며, 아무리 복잡한 기계라도 0과 1만
  으로 동작합니다.

* 프로그래밍 언어는 영어 알파벳으로 만들어져 있지만 영어는 아니에요.
  영어를 모른다고 해서 프로그래밍을 하지 못하는 건 아니에요.

* 프로그래머가 문제를 해결하는 데 요구되는 능력은 창의력과 논리력입
  니다.

* 유능한 프로그래머는 잠재된 문제를 찾아내고 문제의 원인을 분석하여
  기존의 방식보다 효율적으로 문제를 해결합니다.

* 프로그래머만 프로그래밍할 수 있는 건 아닙니다. 프로그래밍을 전공하
  지 않은 사람들도 프로그래밍을 빠르게 배워서 사용할 수 있습니다.

* 더 이상 프로그래밍 기술은 프로그래머의 전유물이 아니라 우리 모두가
  배워야 하는 기본 소양입니다.

★ QUIZ ★

Q1 기계어는 숫자 0과 1로 이루어져 있다.

O   X

Q2 영어를 잘 모르는 사람은 프로그래밍을 할 수 없다.

O   X

Q3 '생각이나 추론 등을 이치에 맞게 하고 그것을 말이나 글로 잘 표현해내는 능력'은 무엇에 대한 설명일까요?

① 창의력   ② 논리력

③ 학습력   ④ 인내력

Q4 매일 업데이트되는 새로운 의학 논문을 실시간으로 수집해 단시간에 최적의 치료법을 찾아줌으로써 실제 환자 치료에도 성공한 인공지능 프로그램은?

① 엑셀   ② 타미

③ 왓슨   ④ 알파고

Q5 컴퓨터를 이용하여 문제를 해결하기 위해 프로그램을 만드는 과정을 무엇이라고 할까요?

답: —————————

정답 01. O / 02. X / 03. ② / 04. ③ / 05. 프로그래밍

CHAPTER 3
한 시간에 끝내는
프로그래밍 이야기

컴퓨터는 하드웨어와 소프트웨어로 구성되어 있습니다. 하드웨어는 우리가 손으로 직접 만질 수 있는 기계 장치를 가리키고, 소프트웨어는 컴퓨터 기계 장치를 동작시키기 위한 프로그램을 말합니다. 우리가 소프트웨어, 즉 프로그램을 직접 만질 수는 없지만 입력 장치인 키보드 또는 마우스를 통해 프로그램에 명령을 내리면 출력 장치인 모니터와 스피커를 통해 수행된 결과를 보거나 들을 수 있습니다. 소프트웨어, 즉 프로그램을 만드는 작업을 프로그래밍이라고 합니다.

우리가 요즘 사용하고 있는 컴퓨터라는 명칭은 과거에 계산원(human computer)이 있을 때는 디지털 전자 컴퓨터(Digital electronic computer)라고 불리던 것이 계산원이라는 직업이 사라진 요즘에는 간단히 컴퓨터(Computer)라고 불리게 된 것입니다. 우리가 컴퓨터 프로그래밍을 이해하기에 앞서 최초의 컴퓨터가 어떻게 현재 모습에 이르게 되었는지 그 역사를 알아보도록 할게요.

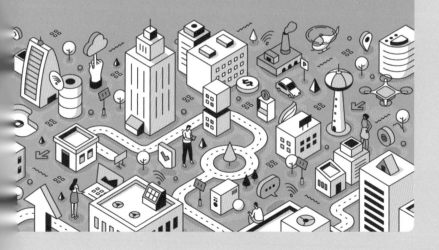

계산기에서
디지털 전자 컴퓨터까지,
하드웨어의 변천사

컴퓨터가 계산기에서 시작했다고요?

우리가 요즘 사용하고 있는 컴퓨터가 어느 한순간에 지금의 모습으로 만들어진 것은 아닙니다. 오래전 고대 문명 시대에 계산을 위한 계산기 형태에서 출발해 발전을 거듭하여 지금의 컴퓨터에 이르게 되었습니다.

'computer'의 어근, 'compute'는 원래 '계산하다'라는 뜻입니다. 물리학, 천체 물리학, 항공 우주과학 등 근대 과학이 발달하면서 엄청난 계산 작업이 필요하게 되었습니다. 그래서 이 작업을 수행해낼 '계산하는 사람'을 고용하게 되었으며, 계산기를 작동시키는 사람을 계산원(computer)이라고 불렀습니다. 이 계산원은 현재의 전자계산기가 아닌 주판과 같은 기계식 계산기를 이용하였습니다. 그리고 현재의 전자계산기가 수행하는 작업을 일일이 손으로 계산하는 일을 담당하였습니다. 전자계산기와 전자 컴퓨터가 등장하고 발전함에 따라 계산원(human computer)은 점차 사라졌고, '컴퓨터(computer)'는 오늘날의 전자 컴퓨터를 가리키는 말이 되었습니다.

미국과 러시아 사이에 우주 개발 경쟁이 치열하던 1960년대를 시대적 배경으로 한 〈히든 피겨스(Hidden Figures)〉라는 영화가 있습니다. 이 영화는 유색인종이라는 이유로 겪어야 했던 갖가지 차별에 맞서며 성공을 이루어낸 세 명의 흑인 여성의 실화를 바탕으로 하고 있습니다. 천부적인 수학적 재능을 타고난 이들은 미 항공우주국(NASA)에서 궤도를 계산하는 계산원으로 일했습니다. 우주국이 계산원을 대신하기 위해 도입한 IBM 컴퓨터가 오류를 범할 때도 이들은 정확히 궤도를 계산해내어 성공적인 우주 비행이 가능하도록 했습니다.

하지만 시간이 흐름에 따라 컴퓨터가 고도화되면서 계산원이 컴퓨터의 계산 속도를 이길 수 없게 되었습니다. 사람의 계산 능력이 더 이상 컴퓨터의 성능을 뛰어넘을 수 없었던 것이죠. 이들은 단순히 계산만 수행하는 계산원으로서는 NASA에서 더는 일자리를 유지할 수 없게 되었는데요. 그럼에도 이들은 이러한 어려움에 굴복하지 않았습니다. 오히려 위기를 기회로 삼아 NASA 연구원도 어려워하던 컴퓨터 프로그래밍을 공부하기 시작했습니다. 계산원에서 프로그래머로 담당 업무를 성공적으로 전환함으로써 컴퓨터에 일자리를 빼앗기지 않았습니다. 오히려 컴퓨터 프로그래머로서 컴퓨터를 다루며 계속하여 일자리를 지킬 수 있었고 나아가 우주 탐사에도 크게 이바지했습니다.

02 계산을 위한 도구

그렇다면 인류는 언제부터 그리고 어떻게 계산이란 작업을 했을까요? 구석기 시대에 수렵 생활을 하던 인류는 신석기 시대에 들어와 농경 생활을 시작했습니다. 점차 사람들이 한곳에 모여 정착하여 살게 되었습니다. 그리고 서로 다른 수확물을 교환하면서 점차 계산이 필요해졌습니다. 이때 가장 오래된 계산 도구가 등장했습니다. 바로 사람의 손입니다.

사회가 더 복잡해짐에 따라 계산해야 할 내용 또한 복잡해졌고, 인류는 일찌감치 복잡한 계산을 위해 주판이나 산가지와 같은 도구를 발명하여 사용하였습니다. 지금으로부터 2,000여 년 전인 고대 그리스에도 안티키테라(Antikythera mechanism)와 같은 계산기가 있었습니다. 한편 기원전 200여 년경에 고대 그리스

고대 그리스 안티키테라 기계의 잔해[2]

의 천문학자에 의해 아스트롤라베(astrolabe)가 고안되었습니다. 비록 이 기계는 상당한 천문학적 지식이 있어야만 사용 가능했지만, 이처럼 기계에 의한 계산이라는 개념과 계산기는 아주 오래전부터 있었습니다.

기계식 계산기의 등장

최초의 계산기가 오래전에 만들어지기는 했지만, 지금으로부터 400년 전만 하더라도 천문학자들과 수학자들은 사용할 만한 마땅한 계산기가 없어 큰 수를 계산하는 데 애를 먹고는 했습니다. 여러 날에 걸쳐 열심히 계산하다가도 한순간의 실수로 틀린 답을 내버리는 경우가 빈번했습니다.

1623년 독일의 천문학자 빌헬름 시카르트(Wilhelm Schickard)는 이런 문제를 해결하고자 나무 톱니바퀴로 움직이는 기계식 계산기를 발명했습니다. 태엽으로 톱니바퀴를 돌려 수를 계산하는 방식이었지요. 20년 뒤 프랑스의 수학자 블레즈 파스칼(Blaise Pascal)은 덧셈과 뺄셈이 가능한 금속 계산기를 만들었어요. 태풍의 위력을 나타내는 단위인 헥토파스칼(hectopascal)은 이 수학자의 이름에서 유래했지요. 이 금속 계산기는 톱니바퀴 8개가 서로 맞물려 돌아가는 형태인데, 각각의 톱니바퀴는 각 자리의 수를 계산했어요. 하지만 이들 계산기 모두는 삼각함수나 로그함수와 같은 계산은 할 수가 없어 천문학자나 수학자에게 큰 도움이 되지 못했습니다. 또 구조가 복잡하고 고장이 잦았다고 해요.

그러던 1822년 어느 날, 영국의 수학자 찰스 배비지(Charles Babbage)가 이런 기계식 계산기의 단점을 극복한 '차분 기관(differential engine)'이라는 기계의 설계도를 발표했어요. 이것으로 삼각함수는 물론 미분 계산도 할 수 있었고, 계산과 동시에 검산도 가능했어요. 배비지의 획기적인 아이디어에 영국 정부는 막대한 자금을 지원했어요. 하지만 당시 기술 수준으로는 설계도대로 정교한 계산기를 만들기는 어려웠습니다. 그는 20년 동안 애를 썼지만 차분 기관의 일부만 만드는 데 만족해야 했습니다.

하지만 배비지는 차분 기관을 만들던 도중 이보다 더 우수한 성능의 계산기를 떠올렸습니다. 바로 '해석 기관(analytical engine)'이라는 것입니다. 이 계산기는 1분에 60회라는 빠른 속도로 계산하고, 계산이 끝나면 자동으로 결과를 저장하고 출력해 주는 방식입니다. 만약 잘못된 공식이 입력되면 큰 소리로 벨을 울리도록 설계되었습니다. 자료를 입력받아 계산·저장·출력하는 방식이 컴퓨터와 꼭 닮았지요. 해석 기관은 컴퓨터의 기본적인 요소를 모두 갖추고 있었습니다. 그래서 찰스 배비지를 '컴퓨터의 아버지'라고 부르기도 합니다. 하지만 안타깝게도 그 당시 해석 기관 역시 설계도대로 완성되지는 못했습니다. 만약 완성되었다면 해석 기관이 최초의 컴퓨터가 됐을 수도 있었을 텐데요.

04

전자 컴퓨터의 등장, 미국과 영국

ABC(Atanasoff-Berry Computer, 1942)

많은 사람이 세계 최초의 전자 컴퓨터를 1946년에 개발된 에니악(Electronic Numerical Integrator And Computer, ENIAC)으로 알고 있습니다. 그러나 1973년 소송을 통해 1942년의 아타나소프-베리 컴퓨터(Atanasoff-Berry Computer, ABC)가 미국 법원으로부터 세계 최초의 컴퓨터로 인정받았습니다. 이 최초의 컴퓨터는 1937년부터 1942년까지 아이오와주립대학에서 존 빈센트 아타나소프와 클리포드 베리가 개발하였습니다. 이진수의 연산, 병렬 컴퓨팅, 재생식 메모리, 메모리와 연산 기능의 분리 등 컴퓨터의 특징을 갖추고 있습니다.

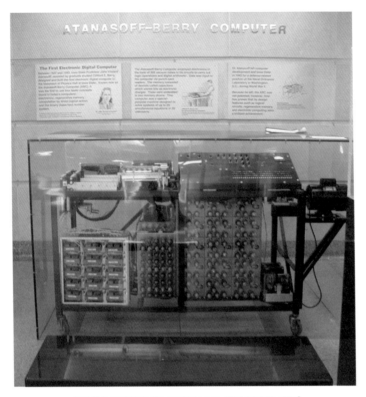

세계 최초의 컴퓨터 ABC(아타나소프-베리 컴퓨터) 모형[3]

콜로서스(Colossus, 1943)

제2차 세계대전이 벌어지고 있던 1939년 영국은 독일군이 '에니그마(Enigma)'로 암호화하여 교신하는 내용을 해독하기 위해 우수한 과학자를 모아 암호 해독기를 발명하기 시작했습니다. 그리고 1943년에 완성하여 세계 최초의 연산 컴퓨터인 '콜로

도로시 두 보리슨과 엘시 부커가 콜로서스를 실행하고 있는 모습[4]

서스(Colossus)'를 개발하였습니다. 암호화된 독일군의 교신 내용을 콜로서스를 통해 1초에 5,000단어씩 해독해냈습니다. 이 콜로서스를 만든 '앨런 튜링(Alan Turing)'이 바로 세계 최초의 해커(Hacker)라고 할 수 있겠습니다. 그는 최초로 인공지능의 개념을 논문으로 발표한 인물이기도 합니다. 이 이야기는 〈이미테이션 게임〉이라는 영화로 만들어져 2014년에 개봉되기도 하였습니다.

마크 I(Mark I, 1944)

1944년, 미국의 수학자 하워드 에이컨(Howard Aiken)과 IBM 사가 함께 '자동 순서적 제어 계산기'인 마크 I(Mark I)을 발명

미국의 수학자 에이컨과 IBM 사가 제작한 MARK I[5]

했습니다. 이것은 해군의 탄도미사일 포격 지점을 계산하기 위해 만들어진 군사용 컴퓨터입니다. 사람의 개입 없이도 '덧셈, 뺄셈, 곱셈, 나눗셈, 앞의 결과 참조'라는 다섯 가지의 수학적 연산을 할 수 있었습니다. 적군의 함대나 잠수함을 한 치의 오차도 없이 포격하기 위해 사용되었던 마크 I의 길이는 15.3m, 높이는 2.4m이며 무게는 무려 3만 1,500kg에 달하였습니다. 총길이 80km의 전선과 300만 개 이상의 접속 단자로 이루어져 스물세 자릿수의 10진수 곱셈을 4초 만에 해내는 능력을 보유하였습니다. 이로써 컴퓨터는 인간의 계산 능력과는 비교할 수도 없을 정도로 빠르고 정확한 계산 실력을 발휘하게 되었습니다.

에니악(ENIAC, 1946)

미국 탄도연구소의 요청을 받아 미국 펜실베이니아대학교가 3년여에 걸친 연구 끝에 만들어낸 컴퓨터가 에니악입니다. 10진법 체계를 이용한 전자식 자동 계산기이며, 마크 Ⅰ과 마찬가지로 미 육군의 탄도미사일 포격 지점 계산을 위해 개발되었습니다. 마크 Ⅰ이 초당 세 번 덧셈을 할 수 있었다면 에니악은 1초에 무려 5,000번의 덧셈을 할 수 있었습니다.

마크 Ⅰ보다 더욱 진화된 에니악[6]

유니박(Univac, 1951)

유니박은 최초의 상업용 컴퓨터입니다. 입력과 연산, 출력을 동시에 할 수 있으며 인간의 도움 없이도 자기 테이프 시스템으로 가동했습니다. 유니박은 1951년 미국의 인구통계국에 설치되어 인구조사에 활용되었습니다. 컴퓨터가 군사용 목적이 아닌 인류에 도움을 주는 도구로 사용될 수 있음을 보여준 최초의 사례이기도 합니다. 유니박은 크기도 컸지만 무게가 무려 13톤이나 되었습니다. 그리고 가격도 당시 125만 달러(약 14억 원)가 넘었다고 합니다. 그럼에도 1951년에서 1958년까지 약 7년 동안 46대나 팔렸습니다.

최초의 상업용 컴퓨터 유니박 1100/80[7]

05

메인프레임의 시대
(전자 컴퓨터의 본격적인 활용)

제2차 세계대전이 끝난 이후인 1960년대를 전후로 미국과 소련을 중심으로 한 우주 개척 시대가 열렸습니다. 항공 우주 분야와 대륙간 탄도미사일(ICBM)과 같은 군사용 무기 개발 분야에서는 복잡한 수학적 계산이 많이 요구되었습니다. 그러나 초기에는 그 수학적 문제를 풀기 위해 사람이 일일이 손으로 계산해야만 하였습니다. 이후 범용성을 갖춘 디지털 전자 컴퓨터가 발전함에 따라 계산원이 하던 수학 계산을 점차 컴퓨터가 대신하게 되었습니다.

IBM에서 민간 기업용으로 개발한 컴퓨터인 메인프레임(mainframe)은 버스만 한 크기의 대형 컴퓨터였습니다. 메인프레임은 인구조사, 공업과 소비자 통계, ERP(전사적 자원 관리, 회사

관리), 금융 관련 업무와 같이 막대한 분량의 업무 처리가 가능하였으며 다수의 사용자가 동시에 작업할 수 있도록 만들어졌습니다.

1964년 IBM이 출시한 시스템/360(System/360)이 현대적인 메인프레임의 시초입니다. 메인프레임은 지금도 IBM이 최강자로 군림하고 있는 분야입니다. 당시 메인프레임 업종에서 1위를 차지하던 IBM은 2위부터 9위까지 모든 업체의 매출액을 합한 것보다 더 많은 매출액을 기록하였습니다. 지금은 그 정도는 아니라고 하더라도 IBM은 여전히 높은 시장 지배력을 갖고 있습니다.

민간 기업용 컴퓨터 메인프레임[8]

메인프레임 컴퓨터 시대의 컴퓨터는 보통 하드웨어와 소프트웨어가 일체화되어 판매되었습니다. 윈도우즈나 매킨토시와 같은 개인용 컴퓨터(Personal Computer, PC)의 시스템과 달리 보안을 위해 대부분의 기술 사항은 영업 비밀로 다루어졌습니다. 프로그래머 입장에서 보면 애초에 메인프레임의 기술 사양 자체가 기밀이라 뚫기가 매우 어렵습니다. 그래서 이 메인프레임 컴퓨터는 신뢰성을 보장하고 있습니다. 다시 말해, 지금도 메인프레임 컴퓨터 판매 업체에서 지속적으로 유지 및 보수 작업을 해주고 있습니다. 한 번 들여놓으면 수십 년씩 사용할 수 있는 것이지요. 1960~1970년대에 메인프레임 컴퓨터를 작동시키기 위해 사용되던 언어 중 하나인 코볼(COmmon Business-Oriented Language, COBOL, 현재는 거의 사용되지 않는 프로그래밍 언어)로 구현된 프로그램이 21세기인 지금도 사용되고 있는 진풍경이 펼쳐지고 있습니다.

개인용 디지털 전자 컴퓨터(PC)의 등장

개인용 컴퓨터(Personal Computer), 즉 'PC'라는 단어는 IBM에서 생산한 개인용 컴퓨터의 상품명인 IBM PC에서 유래하였습니다.

우리나라에는 1980년대에 PC가 도입되어 1990년대 이후 인터넷과 함께 널리 보급되었습니다. 각종 디지털 정보의 저장·관리·통신 작업을 수행할 수 있었기 때문에 디지털 음악 감상, 게임, 온라인 채팅 등에도 쓰이기 시작하였습니다.

최초로 상업적으로 판매된 개인용 컴퓨터는 MITs의 앨테어 8800(Altair 8800)이었으며, 이를 본떠서 많은 개인용 컴퓨터가 출시되었습니다. 이후 애플 II 컴퓨터, 코모도어 VIC-20 등이 상업화에 성공하였습니다. 특히 애플 II는 '비지칼크(VisiCalc)'라는

IBM 퍼스널 컴퓨터[9]

스프레드시트 소프트웨어(엑셀처럼 데이터를 관리하고 계산하는 소프트웨어)를 갖추고 있어서 큰 성공을 거두었습니다. 이 애플 II를 개발한 이가 바로 아이폰을 만든 스티브 잡스입니다.

1980년대 이후, MS(Microsoft)와 인텔(Intel)은 개인용 컴퓨터 시장을 MS-DOS와 윈도우즈 플랫폼(컴퓨터를 동작시키기 위한 운영체제인 OS(Operating System) 프로그램)으로 시장의 대부분을 지배하였습니다. 우리나라에서도 1980년대에 8비트 PC가 판매되기 시작하였고, 1990년대 들어서면서 PC가 16비트에서 32비트로 전환되었습니다. 현재는 컴퓨터 성능이 발전하여 64비트 컴퓨터가 보급되고 있습니다. 또한 연산기, 즉 코어가 여러 개인 CPU(Central Process Unit, 중앙처리장치)도 널리 보급되어 날로 컴퓨터의 성능이 향상되고 있습니다.

그 이후 다양한 개인용 컴퓨터가 등장하였는데요. 가장 강력한 개인용 컴퓨터로는 워크스테이션이 있습니다. 랩톱(laptop, 노트북 컴퓨터처럼 본체와 모니터가 함께 있어 이동이 편한 소형 컴퓨터)이 등장한 이후에는 이와 구별하기 위해 데스크톱(desktop, 책상 등 정해진 위치에서 사용하기 위해 디자인된 컴퓨터)이라는 명칭이 등장했습니다. 휴대가 간편한 개인용 컴퓨터로는 넷북(netbook, 값이 싸고 가벼운 노트북)이 있습니다. 그 외에도 울트라 모바일 PC(Ultra-Mobile Personal Computer, UMPC), 포켓 PC(Pocket PC, PPC), 태블릿 PC(Tablet PC) 등이 나왔습니다. 폭발에도 견딜 수 있도록 개발된 방탄 PC도 있어 흥미롭습니다.

이렇듯 컴퓨터가 다양한 용도의 PC로 발전하고 있습니다. 또한, 오늘날 필수품과도 같은 스마트폰과 스마트워치(smartwatch) 등과 같이 소형화되고 있습니다.

인터넷의 탄생

전 인류의 삶을 획기적으로 바꾸어놓은 인터넷은 어떻게 탄생했을까요? 때는 1950년대로 거슬러 올라갑니다. 영국의 크리스토퍼 스트레이치(Christopher Strachey)는 컴퓨터끼리 연결되는 네트워크를 구축하고 시간을 동기화하는 프로젝트를 구상하고 특허를 신청했습니다. 이 아이디어가 컴퓨터 네트워크, 더 나아가 오늘날 인터넷 발달의 근간이 되었습니다.

한편 1960년대 미국 국방성은 중요한 군사 정보가 많아짐에 따라 이를 어떻게 관리해야 할지 고민하기 시작합니다. 처음에는 철벽 요새 안에 대용량 컴퓨터를 두어 중요한 정보들을 한군데에 모두 모아 보관하는 방안에 대해 검토하였습니다. 하지만 아무리 철벽이라고 하더라도 핵미사일 공격에는 파괴될 수밖에 없으므로 이것은 현명한 해결책이 될 수 없었습니다.

그래서 미국 국방성 고등연구국(ARPA)에서는 컴퓨터를 여러 곳에 분산시켜 설치해서 이를 서로 그물망처럼 연결함으로써 한두 군데가 공격당해 파괴되더라도 나머지 컴퓨터가 서로 통신하는 것이 가능하도록 하는 방식을 연구하기 시작하였습니다. 그 결과 네 곳의 연구소와 대학교를 네트워크로 연결한 아파넷(ARPANET)이 탄생했습니다. 이것이 비록 군사용이긴 하였지만, 이 프로젝트의 책임자 중 한 명인 로렌스 로버츠(Lawrence Roberts)는 최초의 네트워크를 구축한 업적으로 '인터넷의 아버지'로 불리고 있습니다.

미국 국립과학재단(NSF)도 NSFNET(National Science

Foundation Network)이라고 하는 새로운 통신망을 1986년에 구축하여 운영하기 시작했습니다. NSFNET은 미국 내 다섯 곳의 슈퍼컴퓨터 센터를 상호 접속하기 위해 구축하였고, 1987년에는 ARPANET를 대신하여 인터넷의 근간망(backbone network, 다양한 네트워크를 상호 연결하는 컴퓨터 네트워크의 중추망) 역할을 담당하게 되었습니다. 이로 인해 인터넷은 군사용이 아닌 민간용으로 본격적으로 자리를 잡게 되었습니다.

그러나 이 당시의 인터넷은 현재의 인터넷과는 많은 차이가 있습니다. 검정 화면에 글자만 나오는 수준으로 지금처럼 동영상이나 이미지 등을 바로바로 보여줄 수는 없었습니다. 단순히 텍스트를 표시하는 수준이었습니다. 그러다 보니 당시에 인터넷이라는 것은 컴퓨터 명령어를 알고 있는 소수의 전문가만 사용할 수 있었습니다.

그렇다면 우리나라에서는 언제, 그리고 누가 처음으로 인터넷을 구축하고 사용하였을까요? 1982년 5월 서울대학교와 한국전자통신연구원(ETRI) 구미 전자기술연구소가 TCP/IP와 1200bps 전화선을 통해 연결한 SDN이 바로 대한민국 인터넷의 시초입니다. 많은 사람이 잘 모르고 있는 사실이지만 이것은 미국에 이어 전 세계에서 두 번째로 연결된 인터넷망이었습니다(전세계 4위라고 발표한 경우도 있습니다).

그 당시 대한민국은 전국에 포장된 도로보다 비포장도로가 더 많았습니다. 심지어 전기도 공급받지 못하는 집이 많았고 산에서 해온 나무를 땔감으로 밥을 지어 먹던 시절이었습니다. 그런 나라가 자체 개발로 인터넷망을 만들었으니 실로 엄청난 일이 아닐 수 없었습니다. 그리고 이 프로젝트를 주도했던 전길남 박사는 세계 인터넷 개척자 30인 중 한 명으로 인터넷 소사이어티(Internet Society, ISOC, 인터넷을 국제적으로 대표하고 기술 개발이나 운용 관리의 여러 문제를 총괄하는 국제적 조직) 명예의 전당에 헌액되었습니다. 그 시절에 여러 어려움을 극복하고 빠르게 인터넷을 구축한 덕분에 우리나라는 인터넷 강국의 대열에 오를 수 있었습니다.

1989년 3월, 유럽 입자 물리 연구소(Organisation Européenne pour la Recherche Nucléaire, CERN)의 소프트웨어 공학자 팀 버너스리 경은 새로운 과제를 해결해야 했습니다. 연구소의 인사 이동 등이 자주 일어나면서 기존에 수행했던 실험 결과를 비롯한 각종 문서가 유실되는 비율이 높았는데, 이것을 줄여야 했던 것입니다. 그는 문제를 해결할 방식을 〈Information System: A Proposal〉이라는 문서를 통해 제안하였습니다. 그리고 전 세계의 대학과 연구소 간 상호 연구가 가능하도록 하기 위해 여러 연구 기관에 흩어져 있는 문서들을 체계화하여 정보를 신속하게 교환할 수 있도록 해야 한다고 판단하였습니다.

그래서 그는 문서뿐만 아니라 이미지, 소리, 동영상 등을 망

라한 데이터베이스를 구축하고 이를 전문 열람 소프트웨어를 통해 소통하는 방식을 생각해내게 됩니다. 이것이 바로 우리가 인터넷이라 부르고 있는 '월드와이드웹(World Wide Web, WWW)'의 탄생 배경입니다. 최초의 웹 페이지는 유럽 입자 물리 연구소가 1990년 12월 20일에 게시한 TheProject.html이며, 1991년 1월부터 외부에 공개하고 있습니다.

http://info.cern.ch/hypertext/WWW/TheProject.html

인터넷망과 월드와이드웹의 확산으로 각각의 컴퓨터에 저장되어 있던 정보들이 네트워크를 통해 전 세계로 뻗어나가게 되었습니다. 전문가뿐만 아니라 일반인들도 웹을 통해 정보를 주고받기가 매우 쉬워졌습니다. 인터넷에 들어가면 정보가 넘쳐나는 시대가 시작되었고 이것을 인터넷 혁명 혹은 정보화 시대의 탄생이라고 부릅니다. 물론 인터넷이라고 하면 웹 이외에도 전자메일, 파일 공유, 동영상 스트리밍, 온라인 게임, 모바일 앱 등 다양한 서비스를 포함합니다. 우리는 이제 인터넷이 없는 세상은 상상조차 하기 어렵습니다.

기계어에서 인공지능까지,
프로그래밍 이야기

기계어와
프로그래밍 언어

앞서 컴퓨터 구성 요소의 한 가지인 하드웨어를 살펴보았다면, 이제는 소프트웨어에 대해 알아볼 차례입니다. 앞서 소프트웨어는 기계를 작동시키는 프로그램이라고 소개해드렸습니다. 먼저 프로그래밍 언어에 대해 알아볼까요? 언어는 둘 이상의 대상이 서로 의사소통을 하기 위한 약속입니다. 의사소통하기 위해 인간은 문법이라는 규칙을 이용하여 개별 단어를 하나의 문장으로 만들어 상대방에게 전달합니다. 혹은 여러 문장을 묶어서 하나의 단락을 만들기도 합니다.

컴퓨터도 마찬가지입니다. 컴퓨터 간에 혹은 컴퓨터와 컴퓨터가 탑재된 기계 간에 기계어(머신 코드, Machine code)를 통해 의사소통합니다. 기계어는 0과 1로만 이루어져 있습니다. 0은 전기가 없는 상태이고, 1은 전기가 있는 상태라고 할 수 있습니다. 물론 기계에 따라 반대로 동작할 수도 있습니다. 예를 들어, '시작', '중지'라는 두 개의 명령어만 필요하다면 0은 중지, 1은 시작이라고 정의해서 사용하는 식입니다. 초창기 기계들은 매우 단순하였고, 기계어 또한 단순하여 누구라도 쉽게 배우고 사용할 수 있었습니다.

그러나 시간이 지날수록 기계들이 계속 발전하여 기능이 늘어남에 따라 기계어도 복잡해졌습니다. 그뿐만 아니라 회사마다, 기계마다 기능이 다르다 보니 모든 기계마다 서로 다른 기계어가 제각각 만들어졌습니다. 기계어의 종류와 개수가 늘어남에 따라 인간이 기계어로 기계와 소통하는 것이 점점 어려워졌습니다. 그래서 인간은 '조금 더 쉽게 기계와 의사소통할 방법이 없을까?' 하고 고민을 하게 되었습니다.

그러다가 외국어로 쓰인 책을 자신들이 사용하는 모국어로 번역해주는 번역가에게서 영감을 얻었습니다. 인간이 기계와 직접 소통하는 것이 아니라, 인간은 인간이 이해할 수 있는 언어로 기록하면 번역기가 이것을 읽고 기계어로 번역하여 기계에 전달하는 방식을 고안한 것이지요. 이렇게 기계와 소통할 때 기계가 이해하기 쉽도록 만들어진 언어가 바로 프로그래밍 언어입니다.

프로그래밍 언어는 단순하다

컴퓨터 프로그램은 특정한 데이터를 입력받아 이를 연산하고 그 결과를 출력 혹은 저장하는 기능을 수행합니다. 컴퓨터 게임의 예를 들어보면 컴퓨터는 키보드와 마우스의 조작 데이터를 입력받아 이에 따른 연산을 수행하고 그 결과, 즉 화면이나 소리를 출력합니다.

덧셈, 뺄셈, 곱셈, 나눗셈과 같은 산술 연산과 조건, 반복의 원리를 이해하고 있다면, 프로그래밍의 원리에 대해 절반 이상 배운 것이라 할 수 있습니다. 프로그래밍은 우리가 생각하는 것보다도 훨씬 더 단순합니다.

시간의 순서에 따라 기능이 실행되는 것이 프로그램입니다. 실행되는 순서에 따라 코드를 배치하는 것만으로도 프로그램을 만들 수 있습니다. 그런데 비슷한 프로그램을 계속하여 만드는 것이 아니라, 하나의 프로그램에서 조건에 따라 다르게 프로그램을 실행할 수는 없을지 고민하였고, 그로 인해 하나의 프로그램 내에서 조건에 따라 프로그램이 다르게 실행되는 조건문이 만들어졌습니다. 또 동일한 작업을 반복할 때마다 프로그램을 매번 실행하는 것을 자동화할 수 없을지 고민하다가, 조건이 만족하는 동안 프로그램을 계속 반복하여 실행되도록 혹은 영원히 반복할 수 있도록 반복문을 만들었습니다.

이 조건문과 반복문을 합쳐서 제어문이라고 합니다. 아무리 거대한 프로그램이라고 하더라도 결국에는 조건문과 반복문으

로 이뤄져 있습니다.

그리고 이 제어문은 거의 모든 프로그래밍 언어에서 유사하게 사용됩니다. 즉 한 번만 배워두면 두 번째 프로그래밍 언어를 공부할 때는 이를 다시 배울 필요가 없습니다. 그래서 프로그래밍 언어 한 가지를 제대로 배워두면 다른 프로그래밍 언어를 배우기가 매우 쉽습니다.

처음에 한 개의 프로그램 언어를 1년 동안 제대로 배운다면, 다음 1년 동안에는 새로운 프로그래밍 언어를 20개 이상도 배울 수 있을 겁니다. 특히 요즘 만들어진 파이썬과 같은 프로그래밍 언어는 처음 배우는 사람이라도 일주일이면 어느 정도 프로그래밍이 가능하고, 3개월만 배워도 취업할 수 있을 정도로 배우기 쉽습니다.

프로그래밍이라는 것

우리가 계산기를 이용하여 덧셈을 하는 것도 간단하지만 프로그래밍이라고 할 수 있습니다.

1부터 10까지 모두 더하면 결과는 얼마일까요? 계산이 매우 빠른 사람이라면 암산으로 답이 55인 것을 바로 알 수도 있습니다. 컴퓨터도 매우 빠르게 계산해낼 것입니다. 하지만 컴퓨터는 우리가 생각하는 것만큼 똑똑하지는 않습니다. 인간처럼 여러 가지 연산을 동시에 할 수 없으며, 오로지 한 번에 한 가지 연산만 수행할 수 있습니다.

컴퓨터의 계산 방식을 좀 더 살펴보겠습니다. 컴퓨터는 데이터 입력을 받아들이고, 기존에 저장되어 있던 데이터에 신규로 받은 데이터를 연산하여 구한 데이터를 결과로 출력합니다.

$$1+2+3+4+5+6+7+8+9+10 = ?$$

우선 처음에는 1이라는 데이터를 입력하여 그 결과 1을 구하게 됩니다. 그리고 기존 결과 1에 2를 더하여 결과값인 3을 구하고, 기존 결과인 3에 다시 3을 더하여 그 결과로 6을 얻습니다. 이런 과정을 반복하여 나중에는 9를 더하여 결과 45를 얻습니다. 마지막으로 여기에 10을 더하여 최종 결과 55를 구하게 됩니다. 컴퓨터는 단순히 덧셈을 반복하여 계산을 수행합니다. 다만 이 계산을 굉장히 빠르게 수행하므로 한 번에 계산하는 것처럼 보일 뿐입니다.

어떠한 문제를 컴퓨터가 해결하도록 내리는 명령을 시간의 순서에 따라 코드로 작성하는 과정을 프로그래밍이라고 합니다. 다르게 이야기해보자면, 컴퓨터가 데이터를 입력받아서 기존 데이터와 연산한 후, 그 결과를 저장 혹은 출력하도록 만드는 것이 프로그래밍입니다.

컴퓨터가 프로그램을 실행하는 과정은 우리가 생각하는 것만큼 그렇게 복잡하지 않습니다. 컴퓨터는 한 번에 한 단계씩 수행이 가능한데 속도가 빠를 뿐이지요. 컴퓨터도 결국에는 인간에 의해 만들어진 여러 도구 중 한 가지일 뿐이니까요.

04

최초의 프로그래머 '에이다 러브레이스'

최초의 프로그래머로 인정받는 사람은 영국의 유명한 시인인 조지 고든 바이런(George Gordon Byron)의 딸이기도 한 에이다 러브레이스 백작 부인(Ada Lovelace, 1815~1852)입니다. 그녀가 살던 시대는 컴퓨터가 발명되기 이전입니다. 전기조차 없었고 증기기관이 막 발명되어 퍼져나가기 시작하던 시대였죠. 그런데 그녀는 최초로 찰스 배비지의 해석 기관을 컴퓨터상에서 어떻게 구현할 수 있는지 알고리즘으로 설명했습니다. 또한 폰 노이만 구조(Von Neumann architecture, 폰 노이만이 제시한 컴퓨터 구조이자 프로그램 내장 방식)의 등장을 예견하기도 했습니다.

배비지의 해석 기관은 당대의 기술로는 구현 불가능한 장치였습니다. 에이다 러브레이스는 당시 실존하지 않던 컴퓨터에 대해 상상만으로 프로그램을 작성한 셈입니다.

에이다 러브레이스 백작 부인이 살던 때에 찰스 배비지의 해석 기관은 완전히 새로운 것이자 전혀 이해 불가능한 이론 그 자체였습니다. 당시의 기술력으로는 제작조차 불가능했기 때문에 순수한 공상의 산물일 뿐이었습니다. 그러나 에이다는 배비지의 해석 기관에 대해 이해하고 연구한 당대의 정말 몇 안 되는 인물이었습니다. 배비지가 자신의 연구에 영향을 준 타인을 언급하지 않았던 터라 에이다의 정확한 기여도는 알려진 바가 없지만, 해석 기관 연구에도 상당한 기여를 한 것으로 보입니다. 배비지는 에이다의 뛰어난 재능과 글쓰기 실력에 큰 감명을 받았으며, 에이다를 숫자의 마술사라고 부르기도 했답니다.

에이다는 만들어지지도 않은 해석 기관을 이용하여 베르누이 수를 구하는 알고리즘을 작성했는데, 이것이 현재로서는 최초의 컴퓨터 프로그램입니다. 따라서 에이다 러브레이스가 인류 역사상 최초의 프로그래머인 것입니다. 다만 당시에는 해석 기관이 완성될 기미가 보이지 않기 때문에 해석 기관을 통해 프로그램이 동작하는 것을 확인한 사람은 없었습니다. 배비지가 워낙에 대충 만들었고, 예산 문제 등 제작상의 난점으로 하염없이 시간을 흘려보냈다고 합니다. 배비지가 세상을 떠나고 한참이나 지나서 실제로 완성된 것은 더 단순하게 만들어진 차분 기관입니다.

프로그래밍의 기본이라고 할 수 있는 조건문, 반복문, 서브 루틴과 같은 '프로그램 제어문' 개념도 에이다가 만들었습니다. 뒤에서 자세히 살펴볼 C, C++, 자바(Java), C#, 자바스크립트 (JavaScript) 등 현재 존재하는 거의 모든 프로그래밍 언어들이 에이다가 최초로 구현한 제어문의 형태를 그대로 따르고 있다 는 사실은 놀랍기만 합니다. "값을 구할 때 중요한 것은 그 값을 구하는 방정식 중 가장 최소 비용의 방정식을 선택하는 것이다" 라는 발언은 알고리즘 분석이라는 학문의 뿌리가 되기도 하였습 니다.

그리고 에이다는 아날로그(analog)적이라 간주되는 자연현상 을 수치화(digital)함으로써 숫자의 기계적인 조작을 통해 음악을 작곡하거나 그림을 그리는 일, 그리고 그 외에 수많은 일이 가능 할 것으로 예견했으며, 그것이 정말로 인간과 같은 지능을 갖기 에는 무리가 있다는 것까지 내다보았습니다. 즉 디지털 전자 컴 퓨터의 튜링 머신과 폰 노이만 구조의 등장을 100여 년 전에 예 언한 것입니다. 100여 년 후에 있을 만한 일을 예측해내는 엄청 난 혜안을 지닌 뛰어난 인물임에 틀림이 없습니다.

에이다의 이름을 딴 에이다(Ada)라는 프로그래밍 언어도 있 습니다. 새로운 프로그래밍 개념과 당시 나왔던 언어의 장점을 총집결해서 표준으로 만들자는 '궁극의 언어'와도 같은 개념입 니다. 에이다는 미국 국방성이 공모해 선정한 언어로 처음 목적을 달성하는 것에는 실패했지만 결국에는 미국 국방성의 표준 언어로 사용되었습니다. 비교적 최근까지도 미국의 주요 무기에 탑재되는 전자 장비에는 에이다(Ada) 언어로 짠 프로그램을 탑재하였습니다. 1981년에는 '에이다 러브레이스 상(Ada Lovelace Award)'이 제정되었는데, 이는 과학과 기술 분야에서 탁월한 업적을 남긴 여성에게 주어지는 상입니다.

다양한 프로그램의 종류

프로그램은 그 용도와 기능에 따라 다양하게 분류할 수 있습니다. 대표적으로 컴퓨터를 동작시키기 위한 윈도우즈, 안드로이드, iOS와 같은 시스템 프로그램과 그 시스템 프로그램상에서 특정한 용도로 개발한 계산기, 동영상 플레이어, 게임 등과 같은 응용 프로그램으로 구분할 수 있습니다. 그리고 응용 프로그램상에서 사용자가 직접 만들어 사용할 수 있는 사용자 작성(Macro) 프로그램으로 구분할 수 있습니다.

시스템 프로그램

바이오스('소프트웨어' 대신 '펌웨어'라는 용어로 종종 설명됨), 장치 드라이버, 운영체제, 그리고 대표적으로 그래픽 사용자 인터페이스 등을 총체적으로 포함하는 것으로 컴퓨터와 주변 기기가 서로 소통할 수 있게 만들어줍니다. 시스템 프로그램은 대개 컴퓨터에 패키지로 함께 제공되며, 대부분의 사용자는 그러한 것이 실제로 있는지, 아니면 선택할 수 있는 다른 시스템 소프트웨어가 존재하는지에 대해 모르는 경우가 많습니다. 프로그래머 중에서 극히 일부만이 프로그래밍할 수 있는 영역입니다. 윈도우즈(Windows)가 바로 대표적인 시스템 프로그램입니다.

응용 프로그램

응용 프로그램은 사람들이 일반적으로 소프트웨어라고 생각하는 것입니다. 응용 프로그램은 보통 컴퓨터 하드웨어(본체)와는 별도로 필요에 따라 구매합니다. 어떤 응용 프로그램은 컴퓨터에 꾸러미로 제공되지만, 독립적인 응용 프로그램으로 수행된다는 점에서 차이가 없습니다. 응용 프로그램은 거의 대부분 운영체제와는 독립적인 프로그램이지만, 보통 특정 시스템(Windows, Android, iOS 등)만을 위해 만들어지기도 합니다. 우리가 사용하는 대부분의 프로그램이 응용 프로그램이라고 할 수 있습니다. 아래아한글, 워드, 엑셀, 크롬 브라우저, 모바일 앱과 각종 게임 등 우리가 사용하는 프로그램 대부분이 응용 프로그램이라 할 수 있습니다.

사용자 작성 프로그램

사용자의 특화된 요구를 충족시키기 위한 사용자 작성 프로그램에는 아래아한글 매크로, 엑셀 매크로, 워드 매크로, 스프레드시트 템플릿, 과학 시뮬레이션, 그래픽·애니메이션 스크립트, 모바일 앱 루틴 등이 있습니다. 심지어 게임 내에서 동작하는 매크로 역시 사용자 프로그램의 하나로 볼 수 있습니다. 사용자들은 이와 같은 소프트웨어를 직접 제작하고 사용하면서도 자신이 프로그래밍하고 있음을 미처 알지 못하기도 합니다.

우리가 사용하는 프로그램 대부분은 응용 프로그램입니다. 시스템 프로그램을 기반으로 사용자의 목적에 맞도록 응용하여 만들어진 프로그램이라고 할 수 있습니다. 시스템 프로그램은 기계 혹은 컴퓨터의 하드웨어 변경이 있어야만 새롭게 만들어집니다. 그러나 응용 프로그램은 계속해서 그 수요가 증가하고 있습니다. 사람들은 새로운 프로그램을 사용해보고 그때는 좋다고 생각하더라도 몇 년, 아니 며칠 만에도 더 새로운 프로그램이 나오면 주저하지 않고 바로 새로운 프로그램으로 옮겨 가니까요. 그렇다 보니 지금까지 만들어진 수많은 응용 프로그램이 넘쳐 나지만 계속하여 새로운 응용 프로그램이 만들어지고 있습니다. 아마도 기계가 발전하고, 인간이 요구가 끊이지 않는다면 새로운 프로그램에 대한 수요는 계속될 것입니다.

알고리즘

동영상 공유 서비스 사이트에서 자신의 관심 분야를 검색하여 시청한 후에는 그와 연관된 동영상 목록이 화면 가장 위쪽에 나타납니다. 사람들은 이것이 알고리즘 때문이라고 합니다. 그렇다면 정확히 알고리즘은 무엇을 말하는 것일까요?

알고리즘이란 컴퓨터가 실행할 수 있도록 문제를 해결하는 절차나 방법을 자세히 설명하는 과정을 말합니다. 이를 더 구체적으로 이야기하면, 컴퓨터를 활용한 문제 해결 과정에서 주어진 문제를 해결하는 하나로 이어진 방법 또는 절차이며, 문제 해결 방법을 순서대로 혹은 절차대로 나열한 것이라고 볼 수 있습니다. 다시 말해, 알고리즘은 컴퓨터가 과제를 해결하기 위한 명령어의 집합입니다. 컴퓨터 명령어의 집합으로 나타나는 알고리즘은 컴퓨터 과학의 핵심으로, 컴퓨터가 문제를 어떻게 해결하는지 나타내는 방법입니다. 즉 정보를 어떻게 입력하고 처리하며 데이터를 표시하는지 나타내는 순서도인 것입니다.

알고리즘이란 것이 컴퓨터에서만 사용하고 우리 생활과 큰 관련이 없는 것으로 생각할 수 있습니다. 하지만 우리 일상의 모든 행동은 알고리즘과 관련이 있다고 할 수 있습니다. 아침에 일어나서 학교에 가기 위해 행동하는 모든 과정, 라면을 끓이는 과정, 버스를 타고 이동하는 모든 과정에 알고리즘이 활용되고 있습니다. 하지만 너무 빠르게 이루어지는 과정에서 일련의 행동이 너무나 익숙하고 자연스러운 것으로 여겨지기에 특별한 알고리즘의 절차대로 이루어진다고 인식하지 못하는 것일 뿐입니다.

따라서 생활 속에서 알고리즘을 찾아보고 그 절차를 인식함으로써 생활과 알고리즘의 관계를 이해하는 것도 좋은 방법입니다.

알고리즘을 공부하는 이유는 특정한 '실세계의 문제'를 어떠한 '수학적 문제'로 혹은 '논리적 문제' 바꾸어 '수학적·논리적 아이디어'를 이용하여 해결할 수 있는지, 그 해결책이 가장 효율적인 것인지, 또한 이를 컴퓨터에 어떻게 효율적으로 구현할 수 있는지에 대해 따져보고 그것을 실제로 구현하기 위해서입니다. 따라서 이 과정에 있어 실제 세계의 문제를 수학·논리 문제로, 그리고 수학적·논리적 개념을 프로그래밍 언어로 효율적으로 표현해내는 것은 아주 중요한 능력이 됩니다.

알고리즘 공부에서 중요한 것은 다음 네 가지라고 할 수 있습니다.

① 알고리즘을 스스로 생각해낼 수 있는 능력
② 다른 알고리즘과 효율을 비교할 수 있는 능력
③ 알고리즘을 컴퓨터와 다른 사람이 이해할 수 있는 언어로 표현해낼 수 있는 능력
④ 알고리즘의 정상 작동(correctness) 여부를 검증해내는 능력

위의 네 가지 중에서 첫 번째가 제대로 훈련되지 않은 사람

은 기존의 알고리즘 목록에만 길들어져 있어서 모든 문제를 자신이 아는 알고리즘 목록에 끼워 맞추려고 합니다. 이런 사람들은 수학 교재 한 가지만 수십 번 공부해서 문제가 하나 주어지면 다른 풀이 방법에 대해서는 생각해보지도 않고 자신이 풀었던 문제의 패턴 중 가장 비슷한 것 하나를 골라내어 기계적으로 풀어냅니다. 이는 마치 문제 풀이 기계 같죠. 그들에게 문제를 풀고 있는 도중에 물어보십시오. "지금 무슨 문제를 풀고 있는 건가요?" 열심히 종이에 뭔가 풀어나가고는 있지만, 그들은 자신이 뭘 풀고 있는지도 제대로 인식하지 못하는 경우가 많습니다.

이렇게 되면 도구에 종속되는 '망치의 오류'에 빠지기 쉽습니다. 망치를 들고 있는 사람에게는 모든 문제가 못으로 보이기 마련입니다. 익숙한 도구에 과도하게 의존하는 상황입니다. 새로운 알고리즘을 고안해야 하는 상황에서도 기존 알고리즘에 계속 매달릴 뿐입니다. 알고리즘을 새로 고안해내건 혹은 기존의 것을 조합하건 스스로 생각해내는 훈련이 필요합니다.

두 번째가 제대로 훈련되지 못한 사람은 일일이 구현해보고 실험해봐야만 알고리즘 간의 효율을 비교할 수 있습니다. 특히 자신의 경험과 사고 틀을 벗어난 알고리즘을 만나면 이 문제가 생깁니다. 이때는 상당한 대가를 치르게 됩니다.

세 번째가 제대로 훈련되지 못한 사람은 문제를 보면 "아, 이건 이렇게 저렇게 해결하면 됩니다"라는 말은 곧잘 할 수 있지만, 막상 컴퓨터 앞에 앉으면 아무것도 하지 못합니다. 심지어 자신이 생각해낸 그 구체적 알고리즘을 남에게 설명해줄 수는 있지만 그걸 '컴퓨터에' 설명하는 데는 실패합니다. 뭔가 생각해낼 수 있다는 것과 그걸 컴퓨터가 이해할 수 있게 설명할 수 있다는 것은 각기 다른 차원의 능력을 필요로 합니다.

네 번째가 제대로 훈련되지 못한 사람은 알고리즘을 특정 언어로 구현하지 못하며, 만약 구현한다고 해도 그것이 옳다는 확신을 할 수 없습니다. 임시변통의 아슬아슬한 코드가 되거나 이것저것 덧붙인 누더기 코드가 되기 쉽습니다. 이걸 피하려면 다음과 같은 두 가지 훈련이 필요합니다. 하나는 수학적·논리적으로 증명해내는 훈련이고, 다른 하나는 테스트 훈련입니다. 전자가 이론적이라면, 후자는 실용적인 면이 강합니다. 이 둘은 서로 보완해주는 관계에 놓여 있습니다. 모든 경우의 수를 테스트하기에는 검증해야 할 것이 너무 많고, 또 하나하나 테스트한다고 해도 모든 경우에 대해 전부 검증하였다고 확신할 수는 없습니다. 아무리 많은 테스트를 수행하여 검증하였더라도 사용자가 프로그램을 사용하는 중에 오류가 발생하지 않으리라는 보장을 할 수는 없습니다. 하지만 수학적 혹은 논리적 증명을 통하면 오류가 없음을 보장할 수도 있습니다. 또, 어떤 경우에는 굳이 수학적 증명 없이 단순히 테스트 케이스 몇 개만으로도 충분히 안정성이 보장되는 경우도 있습니다.

프로그래밍과
인공지능

프로그래밍은 인간을 대신하여 기계를 동작시키는 일을 자동화하는 것이라 할 수 있습니다. 그리고 다시 이 프로그래밍을 자동화하는 것을 인공지능이라고 할 수 있습니다.

다시 정리하자면 인공지능이란 기존에 프로그래머가 알고리즘을 만들어 처리하던 일을 자동화시켜주는 것을 말합니다. 즉 인간이 만들던 알고리즘을 인공지능이 대신 만들어주는 것입니다. 프로그래머가 논리적으로 만들던 알고리즘을 인공지능이 스스로 학습하여 알고리즘을 찾아냄으로써 프로그래머의 역할을 대신해줍니다. 여기에서 재미있는 사실 한 가지는 인간이 해야 하는 프로그래밍을 자동화하기 위해 인공지능을 만들지만, 이 인공지능은 인간이 만들고 있다고 점입니다.

과거의 전통적인 인공지능은 기계가 어떻게 판단해야 하는지 인간이 일일이 구현해주어야 했습니다. 그러나 2006년 토론토 대학교의 제프리 힌튼 교수가 딥러닝 개념을 제안하면서 새로운 인공지능 시대가 열렸습니다. 최근에는 딥러닝(심층 학습) 기술을 활용하여 데이터만 입력해주면 컴퓨터가 스스로 학습하여 결과를 도출해주고 있습니다. 가장 유명한 딥러닝 인공지능 프로그램으로는 앞에서 이야기한 이세돌 구단과 바둑을 두었던 구글의 알파고가 있습니다. 얼굴 인식을 통해 스마트폰이나 노트북 잠금장치를 해제하는 기능도 그중 하나입니다.

* 프로그래밍: 프로그래머가 정해진 규칙에 그대로 작업을 실행
* 인공지능: 규칙을 정해주지 않고 데이터를 기반으로 스스로 학습
* 인공지능의 장점: 데이터에 대한 차원 높은 이해, 자동화 가능
* 인공지능의 단점: 많은 자원(전기, 저장 공간, 연산 처리)의 소모

그렇다면 앞으로 모든 프로그램이 인공지능으로 대체될까요? 직관적이고 단순한 알고리즘은 굳이 인공지능을 사용할 필요 없이 프로그래머가 직접 개발하는 것이 더 효율적입니다. 그러나 복잡한 알고리즘의 경우에는 인공지능을 사용할 필요성이 있으며, 미래에는 인공지능을 개발하는 것이 미래 산업의 큰 부분을 차지할 것입니다. 이러한 인공지능을 개발하거나 사용하기

위해서는 프로그래밍, 즉 코딩을 할 수 있어야 합니다. 현재로서는 인공지능을 개발 혹은 사용하기에 가장 적합한 프로그래밍 언어로 주목받고 있는 것이 바로 파이썬(Python)입니다.

프로그래밍만 잘하면 모든 프로그램을 잘 만들 수 있을까?

프로그래밍은 단지 도구입니다. 프로그래밍으로 어떤 프로그램을 만들지는 별개의 이야기입니다. 예를 들어, 우리가 컴퓨터와 키보드, 마우스를 가지고 있다고 해서 모두가 게임을 잘하는 것은 아니잖아요. 게임을 잘하기 위해서는 그 게임에 대해 잘 알고 있어야 하겠죠. 물론 게임을 잘 알고 있다고 해서 그 게임을 잘할 수 있는 건 아니죠. 키보드와 마우스도 잘 사용할 수 있어야 할 테니까요. 프로그래밍도 게임하는 것과 마찬가지로 내가 만들려는 프로그램에 대해 잘 이해하고 있고, 프로그래밍을 잘 다루어야만 프로그램을 잘 만들 수 있습니다.

★ 3장에서 배운 것을 정리해봅시다 ★

* 컴퓨터(Computer)는 그 용어가 말해주듯 계산기에서 시작되어 오늘날의 전자 컴퓨터의 모습으로 발전하였어요.

* 컴퓨터는 하드웨어와 소프트웨어로 구성되어 있습니다.

* 하드웨어는 우리가 손으로 직접 만질 수 있는 기계 장치입니다.

* 소프트웨어는 컴퓨터 기계 장치를 동작시키기 위한 프로그램입니다.

* 컴퓨터를 작동시키는 것이 프로그램입니다.

* 프로그래밍 언어는 기계어보다는 인간의 언어에 가깝지만 인간이 사용하는 언어에 비해 매우 단순합니다.

* 모든 프로그래밍 언어는 조건문과 반복문으로 이루어진 제어문으로 기계를 제어합니다.

* 프로그래머를 대신하여 프로그래밍을 자동화하는 것을 인공지능이라고 할 수 있으며, 현재 인공지능을 개발하기에 가장 많이 사용하는 프로그래밍 언어는 파이썬입니다.

★ QUIZ ★

Q1 세계 최초의 전자 컴퓨터는 무엇일까요?

① ENIAC

② ABC(Atanasoff-Berry Computer)

③ Mark Ⅰ

④ IBM PC

Q2 인공지능을 개발하거나 사용하기에 가장 적합한 프로그래밍 언어로 주목받고 있는 것은?

① C++

② 자바(Java)

③ 파이썬(Python)

④ 자바스크립트(Java Script)

Q3 컴퓨터와 주변 기기가 서로 소통할 수 있게 만들어주는 프로그램으로써 대표적으로 윈도우즈(Windows)가 있습니다. 이것은 어떤 프로그램인가요?

① 시스템 프로그램

② 응용 프로그램

③ 사용자 작성 프로그램

④ 백신 프로그램

Q4 모든 프로그래밍 언어는 제어문을 이용하여 프로그램을 제어합니다. 제어문을 구성하는 두 가지는 무엇일까요?

답: ———————————

Q5 과학과 기술 분야에서 탁월한 업적을 남긴 여성에게 주어지는 상은 최초의 프로그래머의 이름을 따서 만들어졌습니다. 이 최초의 프로그래머는 누구일까요?

답: ———————————

Q6 '컴퓨터가 실행할 수 있도록 문제를 해결하는 절차나 방법을 자세히 설명하는 과정'은 무엇에 대한 설명일까요?

답: ———————————

이 정답 해설: 종이나 테이프 최초의 컴퓨터 동작장치 ENIAC(1946년)보다 4년 앞서 1942년에 등장한 ABC가 최초의 컴퓨터입니다.

정답 01. ② / 02. ③ / 03. ① / 04. 조건문, 반복문 / 05. 에이다 러브레이스 / 06. 알고리즘

CHAPTER 4

프로그래밍의 시작과 끝, 코딩 이야기

01 언어의 발명과 기록의 탄생

언어가 만들어지기 전에 사람과 사람은 손짓과 발짓으로 서로 의사소통하고 상대방에게 자신이 원하는 일을 시켰을 겁니다. 이렇게 몸으로 하는 언어를 보디랭귀지(Body language)라고 하죠. 언어가 발명되면서 보디랭귀지 대신에 말과 소리를 이용해서 서로 소통하기 시작했습니다. 보디랭귀지에 비해 언어는 배우기가 훨씬 어려웠지만, 그 어려움을 뛰어넘을 정도로 다양하고도 정확하게 상대방에게 의사를 전달하고 일을 시킬 수 있었습니다. 인류는 여기서 진보를 멈추지 않고 문자를 만들어 기록하기 시작했습니다. 처음에는 돌과 같은 곳에 기록하였지만, 나중에는 종이와 책이 만들어져 더 쉽고, 더 빠르고, 더 많이, 더 정확히 기록하게 되었습니다.

상대방에게 요청하고 싶은 일을 시간의 순서에 따라서 기록하여 전달하자 아무리 길고 복잡한 일이라도 정확하게 요청할 수 있었습니다. 이것은 인류에게 엄청난 사건으로 인류의 역사는 크게 기록하지 않은 시기와 기록한 이후의 시기로 구분됩니다.

예를 들어보면 우리가 교과서를 통해 100년, 1,000년 혹은 그 이전의 역사에 대해 배우고 있습니다. 우리가 1,000년 전을 살아보지도 않았음에도 과거의 인류가 기록한 무수히 많은 정보를 학습하고 있습니다. 또한 이 기록들은 우리 후손들에게도 계속 이어질 것입니다. 이처럼 인류는 문자를 사용하여 기록하고 이 기록물을 후손에게 전달할 수 있게 되었습니다. 후손들은 이를 읽음으로써 선조들에 의해 축적된 다양한 지식을 습득할 수 있었고, 이를 더욱더 발전시킴으로써 우리가 누리고 있는 현재의 문명이 탄생할 수 있었죠.

코드(CODE)

인류는 도구를 만들어 사용하고 이 도구를 개량하며 발전해 왔습니다. 그리고 산업혁명과 함께 증기기관, 전기 등의 힘으로 기계를 움직여 인간을 대신하게 하고 있습니다. 그렇다면 기계를 조작하는 방법은 무엇일까요? 처음에는 사람이 직접 레버를 당기고, 핸들을 돌리고, 버튼을 누르며 기계에 일을 시켰습니다. 사람이 직접 행동을 취해야 하므로 인간의 언어로 치면 일종의 보디랭귀지라고 할 수 있겠네요.

그런데 산업이 발전할수록 더욱더 복잡한 기계들이 등장하고, 그 기계를 제어하기 위해 수많은 레버, 핸들, 버튼들이 생겼습니다. 그리고 어느 순간 더 이상 보디랭귀지만으로 기계를 제어할 수 없게 되었습니다. 그래서 사람들은 생각하기 시작했죠.

'기계를 보디랭귀지가 아닌 문자로 제어할 수 없을까?' 그렇게 해서 만들어진 것이 바로 코드(Code)입니다.

사람이 기계에 시키고 싶은 일을 순서에 맞게 한 줄 한 줄 코드로 입력하면, 컴퓨터가 이 코드를 읽어 들여 사람이 물리적으로 레버, 핸들, 버튼을 조작하는 것처럼 기계를 제어하는 것이죠. 이제 인간은 물리적인 조작의 한계를 뛰어넘어 무한히 많은 버튼(제어 명령)을 만들 수 있게 된 것입니다. 기계의 세계에서 코드의 등장은 인류에게 문자가 등장한 것만큼이나 혁명적인 사건이었습니다.

코드의 등장이 얼마나 대단한 사건인지 아직 공감되지 않으시나요? 예를 하나 들어볼게요. 여러분 앞에 3개의 조작 버튼이 있는 기계가 있습니다. 노란색 버튼을 누른 후 작업이 끝나면 녹색 버튼을 누르고 그 후 마지막으로 파란색 버튼을 누르면 끝나는 일을 해야 한다고 가정해봅시다. 버튼만 누르면 되는 일이니 참 간단하겠죠? 이러한 작업은 특별한 사람만 할 수 있는 작업이 아니고 누구나 할 수 있는 것입니다. 그런데 한 번만 하면 끝나는 것이 아니라 1억 번을 반복해야 하는 작업이라면 어떤가요? 우리는 종일 혹은 몇 날, 몇 달 혹은 몇 년을 똑같은 작업을 반복해서 해야 할 거예요. 게다가 작업의 순서에 맞지 않게 버튼을 잘못 누를 때 끔찍한 사고가 일어난다면, 이 작업을 하는 사람은 순서가 틀리지 않으려고 매 순간 집중해서 버튼을 눌러야만 할 거예요. 아마도 굉장히 고된 일이 되겠지요. 이렇게 단순하고 반복적인 일을 하는 사람은 기계가 자신을 대신해서 일해 주길 바라지 않을까요?

순서대로 눌러야 하는 버튼을 기계가 알아볼 수 있는 코드로 적고, 이것을 기계에 파일로 저장합니다. 이 작업이 필요할 때마다 저장된 파일을 불러들여 컴퓨터에 일을 시킬 수 있다면 얼마나 좋을까요? 이것이 바로 자동화인 것입니다. 이 세상의 모든 일은 시간의 순서에 따라서 일어나듯이 컴퓨터가 가지고 있는 기능을 시간의 순서에 따라서 일어나도록 기록한 것을 프로그램(Program)이라고 합니다. 그리고 이 프로그램을 만드는 행위를 프로그래밍(Programming)이라고 합니다. 프로그래밍하는 사람이 프로그래머(Programmer)이고요. 프로그래머가 프로그래밍에 사용하는 문법과 명령어 등을 프로그래밍 언어라고 합니다. 특히 프로그래밍 중에서도 코드를 파일로 기록하는 작업을 코딩(Coding)이라고 하며, 이 코딩 작업을 하는 사람을 코더(Coder)라고 합니다.

마치 나라마다 다양한 언어가 존재하듯이 프로그래밍 언어 또한 시대에 따라 또는 제어하려는 대상에 따라 매우 다양합니다.

코딩 (CODING)

코딩이란 프로그래밍 코드를 어딘가에 기록하는 작업을 말합니다. 예를 들면 메모장을 켜고 평범한 글을 쓸 수도 있고, 프로그램 코드를 쓸 수도 있는데 후자가 코딩입니다. 보통은 코딩할 때 컴퓨터를 이용하기 때문에 키보드로 타이핑하며 코딩하겠지만, 종이나 화이트보드 위에 손으로 직접 코드를 써가면서 코딩할 수도 있습니다.

디지털 분야의 기초가 되는 코딩은 우리의 일상생활 속 기계나 전자 제품에서 쉽게 찾아볼 수 있습니다. 스스로 문을 여닫는 자동문의 코딩 원리는 다음과 같습니다.

＊ 첫째, 문으로부터 일정한 거리에서 사람이 감지되면 문을 열게 하는

신호 전달하기

* 둘째, 문 열림 동작 실행하기

* 셋째, 5초간 기다리기

* 넷째, 문 닫힘 동작 실행하기

사람이 다가가면 동작하는 에스컬레이터도 비슷한 원리입니다. 정지된 에스컬레이터에 사람이 다가오면, 에스컬레이터가 이를 감지하고 동작을 시작합니다. 그리고 움직이는 에스컬레이터에 사람이 탑승하여 원하는 목적지에서 내리면 이 에스컬레이터는 동작을 멈춥니다. 물론 오래전에 만들어진 에스컬레이터들은 이렇게 사람의 탑승과 상관없이 동작하기도 합니다. 이렇게 에스컬레이터가 이용하는 사람이 없는데도 계속해서 동작한다면 불필요하게 운행하게 되겠지요?

음료수 자판기도 코딩으로 동작합니다. 돈을 넣으면 그 돈으로 선택할 수 있는 음료의 선택 버튼에 불이 들어오고, 원하는 음료수의 버튼을 누르면 음료수를 내놓습니다. 만약 거스름돈이 있다면 반환 버튼을 통해 거슬러줍니다.

전기밥솥, 로봇 청소기, 리모컨도 제어문과 명령으로 코딩된 가전제품입니다. 이제 여러분도 프로그래머의 손길이 닿은 전자제품에 어떤 것들이 있을지 나열해볼 수 있겠지요. 그야말로 우리의 일상 어디서나 접할 수 있는 것이 코딩입니다.

04 코딩과 프로그래밍

코딩과 프로그래밍을 동의어로 인식하는 경우가 많습니다. 그러나 실제로 이 둘은 상당한 차이가 있습니다. 간단하게 말하자면 코딩은 프로그래밍에 속한 하위 과정이라고 할 수 있어요.

코딩은 프로그램을 만들기 위해 알고리즘이나 실행 절차 등을 프로그래밍 명령어를 사용하여 코드를 작성하는 과정입니다. 기본적으로 인간이 사용하는 언어를 기계어 번역이 가능한 코드 형태로 만드는 일이라고 할 수 있어요. 코딩은 프로그램을 만들기 위한 프로그래밍의 하나의 과정입니다.

반면 프로그래밍은 코딩을 포함하여 프로그램의 설계, 오류 수정, 디버깅 및 테스트 등 프로그램의 시작부터 완료까지 모든 과정을 포함합니다. 프로그래머는 프로그래밍 설계 시에 오류나 버그가 발생하지 않도록 해야 하고, 테스트에서 발생하는 다양한 문제에 대해 원인을 분석하고 해결책을 제시할 수 있어야 합니다. 보통은 설계도대로 코딩하는 코더보다 프로그래밍을 하는 프로그래머가 훨씬 더 숙련된 전문가로 인정받습니다.

간단히 비유하자면, 집을 만들기 위해서는 집을 설계하는 설계자가 있고, 집을 직접 만드는 일꾼이 있습니다. 설계자는 고객의 요구를 듣고 땅의 모양, 자재, 건축 공법, 유지 보수 등을 고

프로그래머

코더

려하여 집의 설계도를 만드는 작업을 합니다. 그리고 일꾼은 그 설계도를 보고서 직접 벽돌을 한 장 한 장 쌓아 집을 만드는 작업을 합니다. 여기서 집을 짓기 위해 큰 그림을 그리는 설계자가 프로그래머라면, 실제로 집을 만드는 작업을 하는 일꾼을 코더 라고 할 수 있습니다.

컴파일(COMPILE)

컴파일이란 인간이 프로그래밍 언어로 만들어놓은 코드를 기계가 이해할 수 있는 언어로 바꿔주는 작업을 말합니다. 그리고 이러한 컴파일을 수행하는 프로그램을 컴파일러라고 합니다.

초기에는 프로그램을 작성하기 위해 컴퓨터상에서 바로 동작이 가능한 기계어로 프로그래밍을 했습니다. 그러나 이런 방식은 생산성, 기기 간 호환성, 디버깅 등 모든 면에서 효율적이지 않았습니다. 기계어는 기계의 기능에 종속된 언어라서 원칙적으로 기계가 달라지면 기존의 기계어를 더 이상 사용하지 못하고 새로운 기계에 맞는 기계어로 프로그램을 다시 만들어야만 합니다.

따라서 컴퓨터 공학이 발전하면서 많은 부분을 추상화된 고

수준 언어로 작성하고 이를 번역기를 통해 기계어로 번역하기 시작했는데, 이 번역기가 바로 컴파일러입니다. 현재 많은 프로그램은 컴파일러를 통해 전체를 기계어로 번역하여 실행하므로 프로그램 개발에 필수적인 도구입니다.

이 컴파일러는 한 개의 소스 파일을 한 개의 기계어 파일로 번역해줍니다. 원칙적으로 컴파일은 번역 작업만 할 뿐 프로그램을 완성해주지는 않습니다. 그리고 번역된 하나하나의 기계어 파일을 모아서 하나의 프로그램을 묶어주는 과정을 링킹(Linking)이라고 하며, 이 과정을 수행하는 프로그램을 링커(Linker)라고 합니다. 우리는 링커를 거쳐서 최종적으로 프로그램을 완성합니다. 그리고 이렇게 만들어진 프로그램을 사용자가 실행하여 사용하게 되는 것입니다.

오류(ERROR)

우리가 프로그램을 사용하다 보면 가끔 "이 프로그램에서 잘 못된 연산을 수행하여 프로그램을 종료합니다"와 같은 문구를 보게 됩니다. 혹은 심한 경우에는 블루스크린(윈도우즈의 시스템 오류로 인해 발생하는 파란색 화면)이 뜨면서 컴퓨터가 다운되기도 합니다. 컴퓨터 하드웨어 자체적으로 고장이 나서 오류가 발생할 수도 있지만, 대부분은 프로그램 코드를 잘못 작성하여 발생하는 일입니다. 프로그래밍 언어를 기계어로 번역하는 컴파일 과 정에서 오류를 발견하면, 이것은 컴파일 오류(Compile error)라고 합니다. 컴파일 오류는 컴파일러가 발견하는데 번역 중이던 컴 파일 작업을 중지하고, 코더(코딩하는 사람)에게 바로 알려줍니다. 그러면 코더는 이러한 컴파일 오류가 발생한 코드 부분을 찾아서 알맞게 수정하여 컴파일 오류를 해결합니다. 즉 우리가 컴파일 오류를 보는 경우는 없습니다.

그리고 컴파일된 기계어 파일들을 하나의 실행 파일로 묶어주는 링킹 과정 중에 오류가 발생할 수도 있습니다. 이러한 오류를 링킹 오류(Linking error)라고 합니다. 링킹 오류는 링커가 발견하며, 링킹 중이던 작업을 중지하고 코더에게 바로 알려줍니다. 그러면 코더는 이러한 링킹 오류가 발생한 파일을 찾아서 알맞게 수정하여 링킹 오류를 해결합니다. 링킹 오류 역시 우리가 볼 기회는 없습니다.

마지막으로 우리가 프로그램을 사용하는 도중에 발생하는 오류입니다. 이러한 오류를 논리 오류(Logic error)라고 합니다. 논리 오류는 우리가 사용하는 컴퓨터 프로그램이 비정상적으로 동작하여 잘못되거나 부정확한 결과를 도출하는 것입니다. 심한 경우에는 프로그램이 강제로 종료되고, 더 심한 경우에는 컴퓨터가 다운됩니다. 프로그램 동작 중에 발생하는 논리 오류를 흔히 버그라고 합니다. 논리 오류는 컴파일 오류나 링킹 오류와 다르게 즉시 인식되지는 않습니다. 그러나 사용자가 프로그램을 사용할 때 의도하지도 바라지도 않은 결과를 일으키며 심각하게는 사용 중인 프로그램이 중지되므로 매우 치명적입니다.

코더 입장에서는 컴파일 오류나 링킹 오류는 오류가 발생한 순간 바로 알 수 있기 때문에 잘못된 코드를 찾아 고치기가 수

월합니다. 심지어 요즘의 컴파일러나 링커는 잘못된 부분을 어떻게 수정해야 할지 그 방법을 알려주거나, 더 나아가 자동으로 고쳐주기도 합니다. 그에 반해 논리 오류는 프로그램 동작 중에 발생하기 때문에 그 원인을 찾기가 매우 어렵습니다. 코더 입장에서는 우선 프로그램이 비정상적으로 동작하는 현상부터 재현해야 하며, 그 현상을 재현하였다면 그 현상이 나타나는 원인을 파악한 이후에야 해당 코드를 찾아서 고칠 수 있습니다. 코더 입장에서는 아주 고된 작업이라 할 수 있습니다. 코더들이 밤샘을 하게 되는 이유이기도 합니다.

삼성전자에서 휴대폰을 개발하던 초창기에 구미에서 대구로 가는 경부고속도로의 특정 구역에서 휴대폰 통신이 끊기는 오류를 발견하였습니다. 처음에는 그럴 수도 있다고 대수롭지 않게 여겼지만, 유독 그 지역에서만 오류가 반복적으로 발생하였습니다. 그래서 삼성전자 개발자들이 승합차에 컴퓨터와 각종 계측 장비들을 싣고 몇 달간 경부고속도로 위를 달리며 해당 논리 오류를 찾아내어 고친 사례가 있습니다.

2000년 1월 1일에 대표적인 논리 오류로 인한 해프닝이 있었습니다. 흔히 'Y2K'라고 불립니다. 1970년대부터 만들어진 컴퓨터 프로그램은 연도를 표시할 때 주로 뒤의 두 자리만 사용하였습니다. 그래서 99년 12월 31일 23시 59분 59초 이후에 00년 01월 01일 00시 00분 00초가 됨으로써 컴퓨터 논리 오류가 발생할 것으로 예측되었습니다. 그리고 핵미사일 관리 프로그램이 논리 오류를 일으켜 지구가 멸망할지도 모른다는 이야기까지 흘러나왔습니다. 그래서 수많은 프로그램의 날짜 관련 프로그램에서 연도를 2자리에서 4자리로 늘리도록 수정하였습니다. 다행히 대부분의 프로그램에서 치명적인 오류가 발견되지는 않았습니다. 그렇지만 전 세계적으로 컴퓨터 논리 오류에 대해 경각심을 갖게 하는 사건이었습니다.

이 같은 논리 오류는 프로그램 코딩을 할 때는 현상이 나타나지 않는데 사용자들이 프로그램을 사용하는 중에 발생하는 경우가 많습니다. 그렇다 보니 코더는 논리 오류가 발생하지 않도록 신경 써서 코딩해야 합니다.

버그(BUG)와
디버그(DEBUG)

    디버그(Debug)는 프로그래밍 과정 중에 발생하는 오류나 비정상적인 연산, 즉 버그를 찾고 수정하는 것을 말합니다. 이 과정을 디버깅(Debugging)이라고 합니다.

    'Debug'라는 단어는 컴퓨터 프로그래머인 그레이스 호퍼(Grace Hopper)가 겪은 사건에서 유래되었습니다. 젊은 해군 장교였던 그녀는 어느 날 자신이 사용하는 하버드 마크 II(Harvard Mark II, 하버드대학교의 하워드 에이켄 지휘로 개발된 전기 기계식 컴퓨터로 미 해군이 개발 자금을 지원함) 컴퓨터 회로 안에 나방(버그) 한 마리가 침입한 것을 발견했습니다. 이 나방은 컴퓨터 동작을 멈추게 했고, 호퍼는 그의 조수와 함께 핀셋으로 이 나방을 잡아냅니다. 이는 세계 최초의 컴퓨터 디버깅 작업이었습니다. 이 나

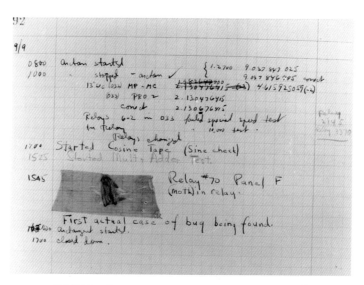

최초의 버그: 하버드 마크 II 컴퓨터의 계전기에서 발견된 나방[10]

방은 '세계 최초의 컴퓨터 버그'로 기록돼 현재까지도 미 해군 박물관에 전시되어 있다고 합니다. 또한 1945년 9월 9일은 세계 최초로 컴퓨터 '버그'가 발견된 날로 기록되고 있습니다. 그 이후로 컴퓨터 프로그래밍의 오류를 버그라고 칭하였으며, 이 버그를 없애는 작업을 디버그라고 하고 있습니다.

프로그래밍하는 모든 사람이 공감하는 말이 바로 "버그가 없는 프로그램은 없다" 혹은 "한 번에 실행되는 프로그램은 없다"입니다. 경험이 많고 탁월한 프로그래머라 할지라도 버그가 없는 프로그램을 한 번에 만들 수는 없다는 뜻입니다. 다만 요령이 있는 사람은 오류가 발생할 만한 코딩은 피하고, 견고하게 코딩하여 버그를 미연에 방지하려고 노력합니다. 또한 만약 버그가 발생하더라도 쉽게 잡아낼 수 있도록 코딩합니다.

프로그램 제작 과정에서 코딩이 2할이면 디버깅은 8할이라고 보면 됩니다. 프로그램은 사람이 만드는 것이기에 버그가 필연적으로 생기기 마련이고, 버그를 잡는 디버그 과정은 프로그래밍 과정에서 필수적으로 행해야 하는 일 중 하나입니다. 프로그래밍 언어를 소리 언어와 동등하게 놓고 보면, 디버그는 화자(프로그래머)가 생각한 것(알고리즘)이 글(코드)로 제대로 표현됐는지, 또는 소리 언어로 된 요구 사항이 프로그래밍 언어로 제대로 번역되었는지 검증하는 아주 기초적인 과정이라 보면 됩니다.

'그냥 뚝딱뚝딱 만들고 대충 돌아가게 하면 되는 거 아냐?'라는 발상은 프로그래머에게 실례되는 발언이라 할 수 있습니다.

여러분 상황에 비유하자면 수업 시간에 배운 것을 시험에서 틀리는 것을 버그라 할 수 있습니다. 이 틀린 문제를 다시 공부하여 다음 시험에서 맞힌다면 이것을 디버깅이라 할 수 있을 듯합니다. 대부분의 학생은 버그 없이 한 번에 100점을 받기 매우 어렵겠죠? 프로그래밍도 마찬가지로 한 번에 버그 없이 프로그램을 만들기는 매우 어렵습니다. 여러분이 디버깅을 충실히 한다면 버그(틀린 문제) 없이 100점을 받을 수 있을 거예요.

08

소스 코드
(SOURCE CODE)

컴퓨터 프로그램을 사람이 쓰고 읽고 이해할 수 있는 내용으로 기술해놓은 것을 소스 코드 혹은 간단히 소스라고 합니다. 그리고 이 소스 코드를 파일로 저장한 것을 소스 코드 파일 혹은 줄여서 소스 파일이라고 합니다. 소스 파일은 단독으로 구성하여 프로그램을 만들 수 있고, 여러 다른 소스 파일을 묶어서 하나의 프로그램을 만들 수도 있습니다. 프로그래밍을 공부하는 초기에는 주로 한 개의 소스 파일로 프로그램을 만듭니다. 그러나 대부분의 상용 프로그램들은 다수의 소스 파일을 묶어서 사용합니다. 수많은 사람이 한 개의 파일로만 개발하기에는 어려움이 많기 때문입니다. 그러다 보니 기능별로, 사람별로 소스 파일을 따로 만들어 이를 하나로 합쳐서 프로그램을 완성하게 됩니다. 우리가 사용하는 손바닥만 한 스마트폰도 수백만 개의 소스 파일이 들어 있습니다.

건축물의 설계도는 건물을 짓기 위한 설명서일 뿐이며 실제로 건물을 짓기 위해서는 각종 재료와 도구가 필요합니다. 반면 소스 코드는 컴퓨터 프로그램을 만들기 위한 설계도인 동시에 재료이기도 합니다. 컴퓨터에 대해 해박한 지식을 가지고 있는 사람이 아니라면 '건물을 지을 때는 설계 도면 이외에 시멘트나 철근과 같은 재료도 필요한데, 컴퓨터 프로그램은 설계 파일만 있으면 다른 재료가 하나도 없어도 만들 수 있단 말인가?' 하는 의문이 들 수도 있을 거예요. 하지만 컴퓨터 프로그램은 오로지 정보로만 이루어져 있어서 컴파일러와 링커라는 도구만 있으면 별다른 재료 없이 소스 코드를 바로 컴퓨터 프로그램으로 만들어낼 수 있습니다. 마치 노래하는 사람이 설계 파일에 해당하는 악보를 보고 바로 노래를 할 수 있는 것처럼 말이죠.

전자 기계의 회로도나 건축물의 설계도가 주로 기호나 그림으로 이루어져 있듯이, 컴퓨터 프로그램의 설계 파일인 소스 코드는 프로그래밍 언어로 작성되어 있습니다. 따라서 그 프로그래밍 언어의 문법만 알면 사람도 소스 코드를 읽고 그 뜻을 이해할 수 있습니다. 실제로 소스 코드를 보면 영문자와 숫자, 몇 가지 특수 문자(#, $, →) 등으로 쓰여 있고, "get", "set", "value", "push" 등 매우 쉬운 영어 단어들도 종종 보입니다.

이런 단어와 숫자를 정해진 규칙에 따라 조합하면 컴퓨터에 특정한 작업을 시킬 수 있는 명령어가 만들어집니다. 즉 소스 코드에 빽빽하게 나열된 문장들은 컴퓨터가 입력을 받아들이고, 이를 처리하고, 다시 저장 혹은 출력하라는 명령어들의 목록이라고 할 수 있습니다. 이렇게 프로그래밍 언어로 작성한 명령어를 '코드(code)'라고 부르기 때문에 프로그램의 설계 파일을 소스 코드 파일이라고 부르는 것입니다.

09

공개 소스
(OPEN SOURCE)

일반적으로 소스 코드는 개발사에서 고객사 혹은 고객들에게 제공하지 않고, 결과물인 프로그램만 제공합니다. 이 소스 코드는 개발사의 핵심 자산이므로 보통은 엄격하게 보안을 유지하여 관리합니다. 소스 코드가 외부로 유출되면, 경쟁 회사에서 소스 코드를 컴파일 또는 링킹하여 똑같은 프로그램을 손쉽게 만들 수 있기 때문입니다. 또는 악의적 목적을 가진 사람이 프로그램의 정보를 빼내 가거나 심한 경우에는 컴퓨터 자체를 고장 낼 수도 있으니까요.

하지만 프로그램을 개발하는 과정에 필요한 소스 코드나 설계도가 누구나 접근해서 열람할 수 있도록 공개되어 있는 경우도 있습니다. 이러한 소스를 공개 소스라고 합니다. 보통은 영어 그대로 '오픈 소스'라고 합니다. 그리고 소스가 공개된 프로그램을 '오픈 소스 프로그램' 혹은 '오픈 소스 소프트웨어'라고 합니다. 소프트웨어 외에도 개발 과정이나 설계도가 공개되는 경우에는 하드웨어에도 오픈 소스 모델을 적용할 수 있으며, 글꼴과 같은 데이터에도 오픈 소스 개발 모델이 적용되는 경우가 있습니다. 요즘에는 아이콘, 그림, 3D 프린터 도면 등도 오픈하는 경우가 많습니다. 하지만 오픈 소스라고 해서 모두 다 무료는 아닙니다. 오픈 소스 프로그램을 유료로 판매하는 것도 가능합니다. 보통은 기능을 제한한 버전은 무료로 공개하고, 기능을 제한하지 않은 버전은 유료로 판매하기도 합니다. 혹은 소스를 무료로 공개하고 이것을 사용하는 사람이 기부금의 형식으로 자유롭게 결제하도록 하기도 합니다.

단순히 소스를 공개만 하는 것이 아니라, 이 공개된 소스를 이용하여 새로운 프로그램을 만드는 것을 허용하기도 하고, 나아가 조건 없이 상업적 용도로 사용할 수 있게 하는 경우도 있습니다. 대부분의 오픈 소스 소프트웨어는 무료로 사용 가능하기 때문에 프리웨어(Freeware)와 헷갈리는 경우가 많지만, 프리웨어는 무료로 사용 가능한 프로그램이고, 오픈 소스는 소스 코드가 공개된 프로그램이기 때문에 이 둘은 엄연히 다른 개념입니다. 오픈 소스 소프트웨어를 돈을 받고 파는 경우도 있으니까요. 공개와 무료가 같은 의미는 아닌 것이지요.

일반 사용자 입장에서는 프리웨어와 오픈 소스 소프트웨어가 단순히 공짜로 사용할 수 있다는 점에서는 비슷할 수 있습니다. 하지만 소스 코드를 보고 이해할 수 있고, 수정할 수 있는 개발자 입장에서 이 둘은 크게 다릅니다. 예를 들어, 상용 또는 프리웨어 프로그램을 사용하는 사람들은 버그를 발견했다 하더라도 소스 코드를 모르니 수정할 수 없습니다. 그리고 사용자가 새로운 아이디어가 떠올랐다 해도 그것을 곧바로 프로그램에 적용해서 새로운 프로그램을 만들 수도 없습니다.

하지만 사용자가 프로그래밍 언어를 아는 경우, 소스가 공개되어 있다면 본인이 직접 소프트웨어의 문제를 수정하거나 개선할 수 있습니다. 또한 개발하던 프리웨어가 개인적인 사정이나 회사의 사정에 따라 개발이 중지되면 더 이상 기능 개선이 이루어지지 않으므로 사용할 수 없게 되는 경우가 종종 있습니다. 그러나 오픈 소스 소프트웨어는 코드가 공개되어 있기 때문에 다른 개발자 혹은 개발사에서 이를 이어받아 기능을 개선해나가면서 개발하는 것이 가능합니다. 그래서 개발자와 사용자가 일치하는 개발 툴 및 시스템, 네트워크 분야에는 웬만한 비공개 소스 소프트웨어는 명함도 못 내밀 정도로 고품질의 오픈 소스 소프트웨어가 넘쳐나고 있습니다.

오픈 소스 소프트웨어는 소스가 공개되어 있으므로 이를 마음껏 개조해서 사용할 수 있다는 점에서 일반 개인 사용자보다 개발자들 사이에서 높은 선호도가 나타납니다. 서버 운영체제 (Operating System, OS) 중 하나인 리눅스가 그 대표적인 예라고 할 수 있습니다. 우리가 주로 사용하는 윈도우즈 운영체제에도 오픈 소스 소프트웨어가 많지만, 대부분의 오픈 소스 소프트웨어는 리눅스를 기반으로 하고 있습니다. 이렇게 된 여러 이유 중 한 가지는 윈도우즈는 미국 마이크로소프트사가 개발한 소스 비공개 프로그램이라는 사실입니다. 그러나 리눅스 운영체제는 오픈 소스로 개발되어 누구라도 맘껏 리눅스 운영체제 자체를 수정하여 사용할 수 있으므로, 대부분의 오픈 소스 소프트웨어는 리눅스를 기반으로 합니다.

최근 들어 윈도우즈에서 리눅스로 운영체제를 변경하는 사례가 증가하고 있습니다. 스페인 카탈루냐주 바르셀로나시에서는 모든 소프트웨어를 리눅스를 비롯한 프리웨어(Freeware)로 바꾸기로 결정하였습니다. 독일에서도 윈도우즈를 리눅스로 전환하고 있습니다. 특히 중국에서는 공공기관에서 윈도우즈 사용을 금지하고 리눅스를 개량한 자체 운영체제를 사용하고 있습니다. 아마도 미국과 대립하고 있는 중국 정부가 미국에서 만들어진 비공개 프로그램인 윈도우즈를 운영체제로 사용하는 것이 보안에 있어서 취약하다고 여긴 것 같습니다. 그리고 우리나라도 2020년 2월 보도 자료를 통해 공공기관 PC의 운영체제를 윈도우즈 대신에 개방형 OS로 변경하여 도입한다는 계획을 수립하였습니다.

그렇다면 왜 이렇게 오픈 소스 방향으로 흘러가는 것일까요? 예전의 보안은 소스 코드를 비공개로 하여 악의적 목적을 가진 해커나 단체로부터 프로그램을 보호하는 것이었습니다. 그러나 해킹 기술이 발전함에 따라 소스 코드 비공개만으로는 한계가 드러나기 시작했습니다. 그리고 한 개인 혹은 한 회사의 노력만으로 완벽한 소스 코드를 만드는 것은 매우 힘든 작업이 아닐 수 없습니다.

그래서 생겨난 것이 바로 오픈 소스입니다. 소스를 공개하여 누구든지 취약점을 자유롭게 찾을 수 있도록 하고, 발견된 취약점을 개선하고, 개선된 소스를 다시 공개하고, 또 다른 취약점을 찾도록 하는 과정을 반복합니다. 이렇게 함으로써 취약점을 점점 줄여나가서 완성도가 높은 소스 코드를 만들 수 있게 되는 것입니다.

그리고 공개 소스의 가장 큰 장점은 많은 사람이 이 소스를 갖고 새로운 프로그램을 쉽게 만들 수 있다는 것입니다. 100만 줄의 코드를 처음부터 짜야 한다면 얼마나 힘들까요? 아마 개발하기도 전에 진이 빠지고 말 겁니다. 그러나 공개 소스를 이용한다면 기존의 100만 줄의 코드를 가져와서 내가 추가하고자 하는 코드만을 추가로 작성함으로써 간단하게 프로그램을 만들 수 있게 됩니다.

10 코딩을 편리하게 해주는 통합 개발 환경 (IDE)

코드를 만들기 위해 우리는 코딩을 하고 이를 파일 형태로 저장합니다. 이때 메모장을 이용해서도 충분히 코드를 만들 수 있지만, 요즘에는 코딩을 도와주는 프로그램들이 잘 되어 있습니다. 이렇게 코딩을 도와주는 프로그램을 '통합 개발 환경 (Integrated Development Environment, IDE)'이라고 합니다. 대부분, 아니 모든 프로그래머는 이 IDE 프로그램을 이용하여 프로그램을 만들고 있습니다.

운영체제나 프로그래밍 언어에 따라서 다르지만, 프로그래밍을 위해 코드 편집기, 컴파일러, 링커, 디버거를 하나의 프로그램 안에서 동작하도록 만들어놓은 것이 통합 개발 환경입니다.

구체적으로 살펴보면 편집기로 코드를 작성하고, 버튼이나

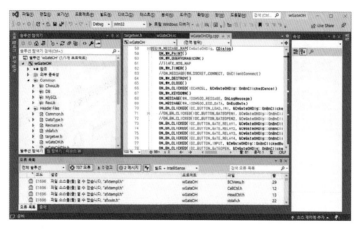

통합 개발 환경 - 비주얼 스튜디오(Visual Studio)

메뉴를 선택해서 컴파일과 링킹을 하고, 만든 프로그램을 동작시키며 디버거를 실행하면서 편집기 안에서 현재 실행되고 있는 코드의 위치와 변수의 값, 메모리 상태와 같은 정보들을 체크해서 오류를 추적할 수 있습니다. 그 밖에도 프로그램 코딩에 필요한 많은 일을 통합된 환경 안에서 할 수 있도록 만들어졌습니다. 아예 클릭 몇 번으로 만들고자 하는 프로그램의 뼈대 코드를 자동 생성함으로써 초기 코딩을 해야 하는 번거로운 작업을 줄여주는 기능도 대부분 IDE가 지원하고 있습니다. 또 편집기에서 코딩하는 중에 명령어의 앞글자 몇 개만 치면 자동으로 완성을 해준다거나, 심지어는 소스 코드를 추천해주고, 자동으로 완성해주기까지 합니다. 또한 코딩하는 중간에 오류가 있을 만한 코드를 알려주고, 해결 방법을 추천해주거나, 자동으로 고쳐주기도 합니다. 이렇듯 통합 개발 환경은 코딩하는 작업을 상당히 편리하게 도와줍니다.

특히 디버그 과정에서 코드를 한 줄씩 단계별로 실행시켜가면서 변수의 값이 어떻게 변화하는지 추적하고, 오류가 있는 줄을 발견하면 바로 그 부분을 수정할 수 있습니다. 통합 개발 환경이 없던 시절의 디버깅은 모래사장에서 바늘 찾기에 비유할 만큼 매우 고된 작업이었습니다. 하지만 통합 개발 환경이 제공하는 디버거는 마치 개발자가 금속 탐지기라는 도구를 가진 것과 같다고 말할 수 있습니다. 코딩하는 코더에게 통합 개발 환경은 이제 선택이 아니라 필수입니다.

* 기계와 인간 사이에 인류의 문자 발명만큼 혁명적인 사건이 코드(Code)의 발명입니다. 코드는 인간이 기계에 문자로 명령을 내리는 것을 가능하게 합니다.

* 명령하고자 하는 것을 일의 순서대로 코드 형태로 기록한 것이 바로 프로그램입니다.

* 프로그램을 만드는 행위가 프로그래밍이며, 프로그래밍을 하는 사람은 프로그래머이고, 이때 프로그래머가 사용하는 언어가 바로 프로그래밍 언어입니다.

* 프로그래밍 중에서 코드를 파일로 기록하는 작업을 코딩(Coding)이라고 하며, 이 코딩 작업을 하는 사람을 코더(Coder)라고 합니다.

* 인간의 언어, 즉 자연어에 가까운 프로그래밍 언어를 기계어로 바꿔주는 작업을 컴파일이라고 합니다. 그리고 이 컴파일이라는 작업을 수행하는 프로그램이 컴파일러입니다.

* 프로그램을 완전무결하게 만드는 것이 가장 이상적이지만 간혹 오류를 일으킵니다. 발생 시점에 따라 컴파일 오류, 링킹 오류, 그리고 흔히 '버그(Bug)'라고 하는 논리 오류가 있습니다.

* 논리 오류(버그)를 바로잡는 것을 '디버그(Debug)'라고 하고, 디버그하는 작업을 '디버깅'이라고 합니다.

* 프로그램 제작에 사용되는 소스 코드(Source code)를 공개하는 추세입니다. 이것을 오픈 소스(Open source)라고 합니다.

★ QUIZ ★

Q1 기계를 제어하기 위해 프로그래머가 키보드를 통해 명령어를 작성하는 과정을 무엇이라고 할까요?

① 계산(Computing)

② 코딩(Coding)

③ 컴파일(Compile)

④ 디버깅(Debugging)

Q2 인간이 프로그래밍 언어로 작성한 소스 코드를 기계어로 번역해주는 프로그램(과정)은 무엇일까요?

① 버그(Bug)

② 오류(Error)

③ 디버거(Debuger)

④ 컴파일러(Compiler)

Q3 코딩하는 사람을 무엇이라고 하나요?

답: ─────────────

Q4 프로그래밍 과정 중에 발생하는 오류, 즉 버그를 찾아 수정하는 과정이나 버그를 없앤다는 의미로 사용되는 이 말은 무엇일까요?

답: ─────────────

Q5 코딩, 컴파일, 디버깅 등을 하나의 프로그램으로 통합하여 프로그래밍 작업을 편리하게 해주는 프로그램은 무엇일까요?

답: ─────────────

정답 01. ② / 02. ④ / 03. 코더(Coder) / 04. 디버깅(Debugging) / 05. 통합 개발 환경(IDE)

CHAPTER 5

꼭 알아야 할
프로그래밍 언어 이야기

프로그래밍 언어 역시 인간이 기계와 소통하기 위한 도구일 뿐

기계에 명령을 내리기 위해 만든 작업 지시서가 소스 코드 (Source Code)라고 하였지요. 이 작업 지시서에는 기계가 수행해야 할 작업이 순차적으로 나열되어 있어요. 그리고 이 작업 지시서를 만드는 데 사용하는 언어를 프로그래밍 언어라고 합니다. 인간의 언어가 나라마다 다르듯이 프로그래밍 언어 또한 매우 다양합니다. 지구에 존재하는 모든 언어를 배우기 어려운 것과 마찬가지로 모든 프로그래밍 언어를 배우는 것은 불가능에 가깝습니다. 그러므로 모든 프로그래밍 언어를 배우겠다는 생각은 하지 않는 편이 낫겠습니다. 하지만 프로그래밍 언어는 인간이 사용하는 언어에 비해 그 구조가 매우 단순해서 인간의 언어를 배우는 것보다 훨씬 쉽습니다. 인간의 언어는 언어 간의 차이

점이 큰 데 반해 프로그래밍 언어는 그 구조가 서로 매우 비슷합니다. 그러므로 한 가지 프로그래밍 언어를 제대로 배워두면, 다른 프로그래밍 언어를 배우는 것은 새로운 인간의 언어를 배우는 것에 비해 노력이 덜 들고 습득 시간도 짧습니다.

앞에서 이야기한 것처럼 파이썬(Python)과 같은 언어는 일주일 정도만 익혀도 간단한 프로그램 정도는 충분히 만들 수 있습니다. 만약 3개월 정도 제대로 배운다면, 관련 분야에 취업해서 바로 일을 시작할 수 있을 정도의 실력을 갖추는 것도 가능합니다. 이렇듯 프로그래밍 언어는 여러분이 생각하는 것만큼 그렇게 복잡하거나 어렵지는 않습니다. 단지, 여러분이 잘 알지 못하

는 분야이므로 배우기에 너무 어려울 것 같다고 막연히 생각하는 것이지요. 우리가 컴퓨터와 기계 사이의 의사소통 방식 혹은 기계 간의 의사소통 방식을 이해하면 프로그래밍 언어는 그저 인간이 기계와 소통하기 위한 도구일 뿐이라는 사실을 알게 될 거예요.

기계어와
어셈블리어

앞서 기계가 이해하는 언어, 즉 기계어는 0과 1로 이루어져 있다고 했습니다. 참고로 0과 1로 이루어진 수를 이진수라고 하고 영어로는 바이너리(Binary)라고 하지요. 그래서 컴퓨터에서 0 또는 1이 사용되는 한 자리를 'Binary digit'의 줄임말인 비트(Bit)라고 부르는 것입니다. 그리고 8개의 비트가 모인 것을 1바이트(Byte)라고 합니다.

매우 단순한 조합이지만 인간이 0과 1로만 이루어진 기계어를 말하거나 이해하는 것은 오히려 어렵습니다. 예를 들면, 다음과 같이 비트를 32개 모아놓은 32비트 컴퓨터의 기계어 명령이 있습니다. 이 기계어를 알아보기가 어떤가요? 참 어렵지요? 보고 읽기만 하는 데도 한참이나 걸립니다.

```
00000000000000001011000001100001
```

위 코드를 읽어보았다면, 이번에는 책을 덮고 외워서 말해볼까요? 쉽지는 않을 거예요.

그래서 우리의 선배 프로그래머들은 0과 1로만 이루어진 기계어를 조금 더 알아보기 쉽게 바꾸려고 니모닉(Mnemonic)이라는 것을 만들었습니다. 이 니모닉을 기반으로 인간이 조금 더 보기 편하도록 만든 언어가 어셈블리(Assembly) 언어입니다. 이로써 우리는 0과 1로만 이루어진 기계어의 늪에서 벗어날 수 있게 되었습니다.

위의 기계어를 니모닉 기호를 이용하여 어셈블리어로 변환해 보면 다음과 같습니다.

```
mov al, 061h
```

명령어 mov는 영어 move를 변형한 니모닉이며, al은 CPU 안에 있는 변수를 저장하는 레지스터(저장소) 중 하나입니다. 그리고, 061h는 16진수(hex) 61(십진수로는 97, 이진수로는 01100001)입니다. 이 한 줄의 뜻은 16진수 61h를 al 레지스터에 저장하라는 명령입니다. 사람이 쓰는 언어만큼은 아니지만 1과 0이 반복되는 기계어보다 한결 보기 편해졌습니다.

　위의 어셈블리어도 프로그래밍을 배우지 않은 사람에게는 낯설게 느껴질 것입니다. 그렇다 하더라도 0과 1로만 이루어진 기계어보다는 알파벳과 숫자의 조합인 니모닉 기호로 이루어진 어셈블리어가 보기에 훨씬 수월합니다. 다만 컴퓨터 구조에 따라 사용하는 기계어가 달라지기에 기계어와 일대일로 대응되는 방식으로 만들어진 어셈블리어도 달라집니다. 게다가 컴퓨터 CPU마다 내부 구조가 제각각이므로 이를 지원하는 동작 형식과 개수도 제각각입니다.

　기계어를 인간이 보기 편한 어셈블리어로 만들어서 사용하기에 조금 편해지기는 했지만, 기계가 달라지면 기존에 만들었던 프로그램을 새로운 기계에 맞도록 다시 만들어주어야만 했습니다. 어셈블리어 덕분에 기계와 소통하는 것이 조금 더 편해졌지만, 프로그래머로서 이미 만들었던 것을 다시 만드는 것은 너무나 곤욕스러운 작업입니다. 우리의 선배 프로그래머들은 '한 번 만들어놓은 프로그램을 기계가 바뀌어도 계속해서 사용할 수는 없을까?' 고민하게 됩니다.

　1950년대를 기점으로 기계가 바뀌어도 동작이 가능한, 즉 범용성을 갖춘 프로그래밍 언어가 개발되기 시작하였고 이전보다 인간이 조금 더 이해하기 쉬운 규칙과 단어로 만들어졌어요. 이러한 언어를 고수준 혹은 고급(high level) 프로그래밍 언어라고 합니다. 기존에 기계와 직접 소통하는 기계어와 니모닉을 기반으로 한 어셈블리어는 저수준(low level) 프로그래밍 언어라고 하여 고급 프로그래밍 언어와 구분합니다.

고급 프로그래밍 언어

고급 프로그래밍 언어는 0과 1로 이루어진 기계어 또는 니모 닉으로 이루어진 어셈블리어에 비해 사람이 더욱 알아보기 쉬운 직관적인 단어를 조합하여 만들었고, 문법 또한 직관적으로 만 들어서 이해하기 쉽고 간결해졌습니다. 그 덕분에 사람들은 기 존의 어셈블리어에 비해 코딩을 쉽게 할 수 있게 되었지요. 기계 어와 어셈블리어를 제외한 거의 모든 프로그래밍 언어가 고급 프로그래밍 언어라고 생각해도 될 거예요.

하지만 인간이 이해하기 쉬워진 만큼 기계어와는 좀 더 거리 가 멀어졌어요. 인간이 기계어를 이해하기 어려웠다면 이번에는 기계가 고급 프로그래밍 언어로 작성한 코드들을 이해할 수가 없게 되었어요. 이 고급 프로그래밍 언어의 코드는 인간이 보기에 편하도록 만들어졌기 때문이죠. 그래서 이 고급 프로그래밍 언어를 기계가 알아볼 수 있도록 기계어로 번역하는 작업이 필요하게 되었어요. 이때 번역하는 방식에 따라 프로그래밍 언어는 크게 컴파일러를 사용하여 번역하는 방식과 인터프리터를 사용하여 기계어로 번역하는 방식으로 구분하게 됩니다.

컴파일러 방식 언어와 인터프리터 방식 언어

인간이 보기 편하도록 작성한 고급 프로그래밍 언어는 반드시 기계가 알아볼 수 있는 기계어로 번역해야만 기계에서 실행할 수 있어요. 그리고 번역하는 방식에 따라 컴파일러 방식 언어와 인터프리터 방식 언어로 구분하는데요. 여러분의 이해를 돕기 위해 번역가와 통역가를 예로 들어 비유해볼게요.

컴파일러 방식 언어는 외국어로 된 원서를 오랜 시간에 걸쳐 처음부터 끝까지 번역한 후에 출판하는 번역서에 비유할 수 있어요. 예를 들어, 영어와 같은 외국어로 되어 있는 책을 우리가 알아볼 수 있는 한국어로 번역해서 한 권의 책으로 출판하는 방식이에요. 책 한 권을 모두 번역해야 하므로 작업이 꽤 오래 걸리고 힘들겠죠? 하지만 한 번만 완벽하게 번역해놓으면 더 이상 번역 작업이 필요 없습니다. 그렇지만 수백 쪽에 걸친 원서를 오류 없이 번역하는 것이 쉬운 작업이 아니겠죠? 컴파일러 방식 프로그래밍 언어는 처음부터 끝까지 코딩을 모두 마친 후에 번역 작업을 거쳐서 프로그램을 실행하게 됩니다. 만일 수백만 줄의 코딩 중에서 단 한 줄의 오류라도 있으면 이 프로그램은 제대로 번역되지 않습니다. 번역이 완료되지 않았으니 당연히 프로그램을 실행시킬 수도 없게 됩니다. 이때 프로그래머는 첫 줄부터 마지막 줄까지 어느 곳에 오류가 있는지 찾아내어 고쳐야 하는데

프로그래밍 언어는 컴파일 언어와 인터프리터 언어로 구분

이것이 결코 쉬운 일이 아닙니다. 생각해보세요. 여러분이 책 한 권을 쓰는데 단 한 군데의 오타 없이 작성해야 한다는 것이 얼마나 어려울까요? 엄청난 집중력과 꼼꼼함을 요구하는 작업이 될 거예요. 그래서 컴파일러 방식 언어로 코딩하려면 완벽주의자 성향이 강해야만 살아남을 수 있다고들 합니다.

반면 인터프리터 방식 언어는 실시간으로 나오는 영어 뉴스를 우리말로 한 문장 한 문장씩 동시에 통역해주는 동시통역에 비유할 수 있어요. 인터프리터 방식 언어는 컴파일러 방식 언어처럼 전체를 미리 번역하는 과정이 필요하지 않아요. 프로그램을 실행해가며 실시간으로 번역하는 방식이라서 코딩이 완벽하지 않더라도 오류를 만나기 전까지는 프로그램 실행이 가능하답니다. 이러한 특징 덕분에 프로그래밍 교육용으로 매우 널리 사용되고 있어요. 코딩을 배우는 사람이 처음부터 완벽할 수는 없으니까요. 그런데 인터프리터 방식 언어는 교육용으로 적합하기는 하지만, 그때그때 번역을 해야 하므로 미리 번역해놓은 기계어를 실행만 하는 컴파일러 방식에 비해 상대적으로 느리게 동작합니다. 하지만 이러한 단점에도 불구하고 인터프리터 방식 언어가 컴파일러 방식 언어로 코딩하는 것에 비해 더 빠르게 프로그램을 만들 수 있다고 합니다.

기계의 성능이 낮았던 초창기 고급 프로그래밍 언어는 컴파일 방식 언어로만 만들어졌습니다. 당시의 기계로는 컴파일 방식 언어를 실행하는 것조차 벅차던 시절이었으니까요. 점차 시간이 지남에 따라 기계가 발전하면서 컴파일러 방식 언어에 비해 프로그래밍이 수월한 인터프리터 방식 언어가 사용되기 시작했습니다. 하지만 초기에는 컴파일러 방식에 비해 현저하게 느린 탓에 여전히 기존의 프로그래머에게 크게 주목받지 못하였어요.

초창기 인터프리터 방식 언어는 실무용보다는 실행 속도가 중요하지 않은 상황에서 제한적으로 사용되었어요. 그리고 쉽게 가르칠 수 있으므로 주로 교육용으로 활용되었어요. 시간이 지나며 기계의 성능이 향상되면서 프로그램 실행 속도에 크게 영향을 받지 않는 프로그램부터 인터프리터 방식 언어를 점차 사용하기 시작하였어요. 그리고 기계의 성능이 획기적으로 발전하면서 동작 속도가 훨씬 더 빨라지게 되었고, 덕분에 컴파일러 방식 언어와 인터프리터 방식 언어의 속도 차이가 거의 느껴지지 않게 되었어요. 그러다 보니 요즘은 배우기에도 쉽고 사용하기에도 편리한 인터프리터 방식 언어가 점점 더 많이 사용되고 있습니다.

05 컴파일러 방식 언어

1950년 전후의 초창기 컴파일러 방식 언어로는 A 언어, B 언어, 코볼(Cobol), 포트란(Fortran) 등이 있었지만 현재는 거의 사용하지 않고 있어요. 1972년 미국의 벨 연구소(Bell lab)에서 '데니스 리치'가 B 언어를 개선하여 만든 C 언어가 대표적인 컴파일러 방식의 언어라고 할 수 있으며, 이는 현재까지도 널리 사용되고 있습니다.

그리고 C 언어에 객체 지향 개념을 추가하여 업그레이드 한 C++(씨플러스플러스, 씨뿔뿔) 언어가 있으며, 이 C++ 언어를 마이크로소프트사에서 개량하여 C#(씨샾) 언어를 만들었습니다. 그리고 가상 머신이라는 개념을 도입한 모든 기계에서 실행 가능한 자바(Java) 언어도 대표적인 컴파일러 방식 언어라고 할 수 있습니다.

초창기 컴파일러 방식 언어는 고급 프로그래밍 언어로 만들어진 코드를 기계어로 바로 변환하였지만, 가상 머신(Virtual Machine) 기반의 자바(Java) 언어가 등장한 이후로는 코드를 바로 기계어로 변환하지 않고, 중간 표현 형태의 바이트 코드(Byte code)와 같은 형태로 번역하여 저장하기도 합니다. 바이트 코드는 기계에 따라 번역이 쉽도록 만들어놓은 중간계 언어라고 표현할 수 있습니다. 한꺼번에 너무 많은 이야기를 하면 이해하기 어려울 테니 자세한 이야기는 조금 더 뒤에서 해볼게요.

먼저 역사를 간단히 살펴보면 컴파일러 방식 언어의 선구자였던 C 언어와 C++ 언어는 2000년대 가상 머신이라는 새로운 개념으로 화려하게 등장한 자바(Java) 언어에 점차 밀리며 쇠락의 길을 걷는 듯 보였어요. 그러나 C 언어는 만들어진 지 50여 년이 지난 지금도 여전히 많이 사용되고 있습니다. C++, C# 그리고 자바(Java) 언어도 시장 점유율이 최상위권에 위치해 있습니다. 만들어진 지 오래돼서 어쩌면 구식일 수도 있는 위와 같은 프로그래밍 언어들이 어떻게 아직까지도 많이 사용되고 있는지에 대해 언어별로 자세히 알아볼게요.

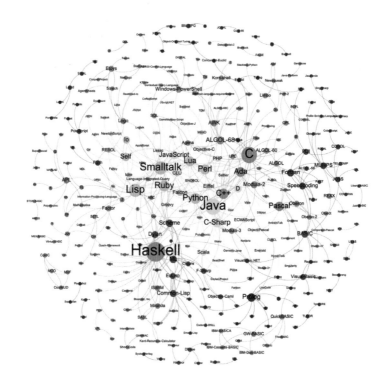

다양한 프로그래밍 언어의 종류[11]

C 언어

C 언어는 1972년에 벨 연구소(Bell Labs)의 '데니스 리치'가 B 언어를 개선하여 만든 프로그래밍 언어입니다. C 언어 이전에도 A 언어, B 언어 등 여러 고급 프로그래밍 언어가 존재했지만 대부분 특정한 목적을 위해 만들어졌거나 컴퓨터 과학 이론을 입증하기 위해 만들어진 실험적인 언어였습니다. 그에 반해 C 언어는 요즘 스마트폰에서 널리 사용되는 구글의 안드로이드와 애플 iOS의 할아버지뻘 되는 유닉스라는 범용 운영체제를 개발하기 위헤 만들어졌습니다. 간단한 문법과 빠른 실행 속도를 갖는 프로그래밍 언어로써 어셈블리어와 견줄 만한 효율성을 갖도록 설계되었습니다.

C 언어로 만들어진 유닉스 운영체제가 커다란 성공을 거둠

에 따라 C 언어 또한 널리 사용되기 시작하였으며, 오늘날 대부분 운영체제의 핵심 기능은 C 언어로 만들고 있습니다. 이 유닉스 운영체제는 아직도 중요한 서버 운영체제로 많이 사용되고 있습니다. C 언어는 시간순에 따라 정해진 작업을 수행해나가는 절차 지향 언어라고 하며, 코드의 동작은 위에서 아래로 실행되며, 같은 줄에서는 왼쪽에서 오른쪽으로 실행하게 됩니다.

얼마 전까지만 하더라도 우리나라에서 프로그래밍 언어를 배우고자 할 때는 C, C++, C#, 자바(Java) 중에서 한 가지를 첫 언어로 선택하였는데요. 그중에서 C 언어가 가장 많은 선택을 받았답니다. 가장 큰 이유 중 하나는 대학이나 컴퓨터 학원 등에서 프로그래밍 교육과정의 첫 관문으로 C 언어를 가장 많이 선택했기 때문입니다. 또 다른 이유로는 C 언어가 다른 언어에 비해 비교적 간단한 문법을 갖고 있고, 컴퓨터 동작 방식과 유사하게 구성되어 있어서 컴퓨터 동작 방식을 이해할 수 있도록 하는 데 적절하다는 점을 들 수 있습니다.

그러나 C 언어를 배우는 데 있어서 돌파해야 할 엄청난 난관이 있어요. 게임의 끝판왕 빌런에 비유할 수 있을 듯한데요. 바로 포인터라는 것입니다. 포인터를 알기 위해서는 우선 컴퓨터의 동작 원리와 주소 체계를 이해해야 하는데요. 많은 사람이 매우 어렵다고 느끼고, 이것으로 인해 이 언어 배우는 것을 포기하기도 합니다. C 언어를 사용하는 프로그래머로서 회사에서 수년 동안 개발 업무를 수행한 사람 중에도 포인터를 제대로 이해하지 못한 사람이 꽤 많습니다. 포인터가 배우기 어렵기로 악명이 높아진 이유는 컴퓨터 동작 원리를 제대로 이해하지 않고, 프로그래밍만 빠르게 배워서 실무에 사용하도록 하는 업무 환경 때문인 것 같습니다. 포인터를 제대로 이해하지 못하였다고 해서 프로그래밍을 하지 못하는 건 아니지만 포인터를 제대로 이해하지 않고, 적당히 배워서 프로그래밍하다 보면 블루스크린(파란색 화면)을 자주 만나게 될 수 있습니다. C 언어를 제대로 배우고자 한다면 컴퓨터 동작 원리부터 차근차근 이해하고 나서 포인터를 공부하는 것을 권장합니다.

우리가 게임을 할 때도 게임 방식을 제대로 이해하지 못한 상태에서 마지막 빌런과 상대하게 되면 100전 100패일 거예요. 그러나 게임을 이해하고, 능력치와 아이템을 충분히 준비하고 빌런을 상대한다면 이길 수 있는 확률이 훨씬 높아지겠지요.

이 난관을 헤치고 C 언어를 제대로 정복한다면 여러분은 윈도우즈와 같은 운영체제를 개발할 수도 있고 로봇을 직접 제어하거나 심지어는 해커가 될 수도 있습니다. 여기에서 해커는 물론 블랙해커인 크래커를 의미하는 것은 아닙니다. C 언어는 단순하지만 포인터를 사용하여 컴퓨터를 직접 제어할 수 있기 때문에 그야말로 막강한 언어입니다.

다만 현재의 고급 프로그래밍 언어들은 프로그램의 오용과

악용을 막고 컴퓨터를 보호하기 위해 다양한 안전장치와 기능 제한을 해두어서 컴퓨터를 100% 제어할 수 없도록 되어 있어요. 그러나 C 언어는 어셈블리어를 이용하여 기계어 수준까지 접근이 가능하므로 프로그래밍을 하는 데 있어서 제약이 거의 없습니다.

만약 여러분이 기계 혹은 컴퓨터를 100% 제어하려고 한다면 C 언어는 필수로 배워야 하는 프로그래밍 언어입니다. 그러나 첫 프로그래밍 언어로는 너무 어려울 수 있으니, 다른 언어로 프로그래밍 개념을 익히고 나서 컴퓨터 동작 원리를 학습한 후에 도전하길 권장합니다.

객체 지향 프로그래밍 언어의 시작 C++

C++ 언어는 C 언어의 자식뻘 되는 언어로 C 언어의 문법과 기능을 대부분 사용할 수 있으며, 객체 지향 개념을 도입한 프로그래밍 언어입니다. 1979년에 C 언어에서 직접적으로 파생된 'C with Classes'라는 이름의 언어로 시작하였으며, 1983년에 지금의 C++ 이름을 갖게 되었습니다. 읽을 때는 '시 플러스 플러스', 혹은 줄여서 '시플플' 혹은 '씨뿔뿔' 이라고 읽습니다.

이름의 유래를 알아보자면, 비야네 스트롭스트룹(Bjarne Stroustrup)이 C 언어를 바탕으로 만들었습니다. C 계열 언어에서 '++'라는 것은 1을 더한다는 의미입니다. C 언어는 B 언어를 계승한다는 의미에서 C가 되었는데, C 다음 언어가 왜 D가 아니고 C++가 된 이유는 기존의 C 언어를 거의 그대로 두고 필요한

부분(객체 지향, class)만 향상시켰기 때문입니다. 새로운 이름이 아닌, C 언어에 +1을 한다는 의미에서 C++이 되었다고 합니다.

C++ 언어는 C 언어의 대부분을 계승하였지만, 프로그래밍 체계가 크게 다릅니다. 그래서 C 언어로 작성된 프로그램에서 C++ 언어 방식으로 코딩하려면 해당 코드에서 C++ 언어에 새로 도입된 것을 추가하는 게 아니라, 설계부터 시작해서 완전히 새로 해야 하는 경우가 많습니다. C++ 언어의 객체 지향이라는 개념이 이해하기 쉽지 않은 데다 C++ 언어의 객체 지향은 C 언어를 하위 요소로 유지하면서 여러 문법 요소를 추가했기 때문에 신경 써야 할 부분이 많습니다. 특히 객체 지향의 클래스(Class) 개념은 C 언어의 포인터와 유사한 핵심이라고 할 수 있습니다. 클래스 개념으로 객체를 만들고, 해당 객체를 유산 상속하듯 상속하여 자식 객체들이 부모 객체가 만들어놓은 기능들을 다시 코딩하지 않고, 그대로 사용하여 기능을 추가할 수 있다는 것이 특징입니다.

그러다 보니 초보자 입장에서 C++ 언어를 첫 언어로 배우는 것은 매우 어려울 수 있습니다. C 언어의 포인터가 마지막 빌런이라고 앞에서 말씀드렸는데요. C++ 언어의 객체 지향 개념에 비하면 C 언어의 포인터는 단순 몹(Mob) 수준이라고 할 수 있겠네요.

세상을 지배할 뻔한 자바(JAVA)

자바(Java)는 썬마이크로시스템즈에서 1995년에 개발한 객체 지향 프로그래밍 언어로 창시자는 '제임스 고슬링(James Gosling)' 입니다. 2010년에 오라클이 썬마이크로시스템즈를 인수하면서 자바(Java)의 저작권을 소유하고 있습니다.

자바(Java)의 가장 큰 특징은 플랫폼으로부터 독립적인 언어 라는 점입니다. C 언어와 C++ 언어는 소스 코드를 다양한 플랫 폼에서 실행할 수 있습니다. 그러나 각각의 플랫폼에 따라 그에 맞는 컴파일러를 이용하여 기계어로 변환해주어야만 합니다. 그 러나 자바 컴파일러는 소스 코드를 바이트코드라고 하는 중간 계 클래스 파일(.class)로 변환해줍니다. 그리고 각 플랫폼에서 실 행 중인 자바 가상 머신(Java Virtual Machine, JVM)이 중간계 클래스 파일을 읽어 들여 해당 플랫폼에 맞는 기계어로 바꾸어 실행하게 됩니다.

예를 들어, 플랫폼에 종속된 프로그램의 경우 윈도우즈에서 만든 프로그램을 그대로 리눅스나 맥(mac) OS에서 실행하려 하면 오류가 발생하며 동작하지 않습니다. 그러나 자바(Java)로 만들어진 프로그램은 플랫폼에 맞는 자바(Java) 실행 환경(Java Runtime Environment, JRE)만 설치되어 있다면 문제없이 동작합니다. 즉 기존에는 플랫폼 혹은 운영체제(Windows, Linux, iOS, Android)마다 다르게 만들어주어야 했던 프로그램을 한 개의 프로그램만으로 다양한 플랫폼과 운영체제에서 사용할 수 있게 되었습니다. 이것은 당시 개발자들에게 엄청난 사건이었습니다.

자바(Java)는 C/C++과 비슷한 문법구조를 가지고 있습니다. 그러면서도 자바(Java)가 C/C++보다 훨씬 더 쓰이는 분야가 많습니다. 특히 웹 서버와 초창기 안드로이드 앱이 자바(Java)로 만들어졌습니다. 특히 우리나라 금융권에서는 보안과 관련하여 자바(Java)를 많이 사용하고 있습니다. 하지만 자바(Java) 프로그램에서 속도가 매우 중요시되는 부분은 따로 떼어서 C/C++로 개발하기도 합니다. C/C++을 알고 있는 프로그래머라면 어렵지 않게 자바(Java)를 배울 수 있습니다. 반대로 자바(Java)를 알고 있다면 C/C++도 어렵지 않게 배울 수 있습니다.

2000년을 전후하여 제1차 IT 붐과 맞물려 자바(Java)와

JVM(자바 가상 머신)은 세상의 모든 기계를 점령할 듯한 기세였습니다. 그러나 당시 컴퓨터의 성능이 낮아 JVM을 원활하게 실행하기에는 어려움이 있었습니다. 그로 인해 자바(Java)는 C/C++보다는 느리다는 인식이 생겨나게 되었고, 실제로 JVM을 설치하지 못할 정도로 성능이 낮은 기계에서는 자바(Java) 언어로 개발된 프로그램을 실행할 수 없었습니다. 컴퓨터의 성능이 점점 발전하면서 자바(Java)가 각광을 받았지만, 사물인터넷(IoT) 시대로 접어들면서 초소형 기계, 장치가 증가하게 되었어요. 그런데 덩치가 큰 JVM은 사물인터넷 기계에 설치하기에 적합하지 않았어요. 그러자 다시금 C/C++이 많이 사용되기 시작하였습니다.

10여 년 전만 하더라도 우리나라 대학교의 컴퓨터공학과를 비롯한 프로그래밍 관련 학과에서는 1학년은 C 언어를 배우고, 2학년은 C++ 언어를 배우고, 3학년은 자바(Java)를 배웠습니다. 그러나 현재는 첫 프로그래밍 언어로 파이썬(Python)부터 가르치는 대학교의 수가 늘어나고 있습니다.

09 자바(JAVA) 대항마로 등장한 C#

    1995년에 자바(Java)가 만들어지고 큰 인기를 얻게 되자, 마이크로소프트에서도 썬마이크로시스템즈와 라이선스 계약을 맺은 뒤 독자적인 자바(Java) 확장 언어인 비주얼 J++(Visual J++)를 만들었습니다. 그런데 썬마이크로시스템즈에서 개발한 JVM(자바 가상 머신)에 마이크로소프트가 임의로 부가 기능을 추가하면서 마이크로소프트는 썬마이크로시스템즈로부터 특허권 소송을 당하여 패소했습니다. 이 때문에 마이크로소프트는 비주얼 J(Visual J) 시리즈와 MS 버추얼 머신(MS VM)을 사용할 수 없게 되었습니다. 하지만 자바(Java)라는 언어 자체가 매력적이었고, 마이크로소프트 역시 이를 버릴 수 없다고 생각하였습니다. 그래서 1999년부터 개발에 착수하여 2000년에 닷넷 프레임워크

(.NET framework)와 함께 'C#'이라는 이름으로 새로운 플랫폼과 프로그래밍 언어를 발표하였습니다. 닷넷 프레임워크는 JVM과 유사하며, C#은 자바(Java)와 유사하게 만들어졌습니다.

언어적 특성으로 따지면 C#과 경쟁 관계에 있는 언어는 자바(Java)라고 할 수 있는데요. 처음 만들어질 때부터 자바(Java)를 많이 참고하였으며 자바(Java)가 가지고 있는 본질적인 문제를 상당히 해결하고 유용한 기능이 더해졌습니다.

사실 자바(Java)가 처음 나왔을 때 느린 성능 때문에 많은 비판을 받았지만, C#은 이를 많이 개선하여 상대적으로 큰 논란이 없었고, 자바(Java)보다 차세대 언어이므로 성능적으로 우위인 부분이 많았습니다. 그러나 여전히 C/C++보다는 다소 느리게 동작하였습니다. 이는 가상 머신 언어의 태생적인 한계점이라고 할 수 있습니다.

마이크로소프트의 개발 도구에서 C#을 강력히 지원하였음에도 불구하고, 2005년 이전까지만 해도 C#의 점유율은 낮은 편이었습니다. 그러나 지속적인 개선과 다양한 노력으로 2010년 이후로는 C#의 점유율이 크게 높아졌습니다.

현재 C#의 시장 점유율은 높은 편이고, 언어의 완성도도 현존하는 언어 중 우수하다는 평이 많습니다. C++는 생산성이 너무 떨어지고, 자바(Java)는 여러 가지로 제약이 많아 아쉬운 점을 C#이 덜어주고 있다는 것입니다.

C#은 이름의 유래에 대해 다양한 의견이 있습니다. 그중에서 첫 번째는 음악에서 유래한 것으로, 도(C)에 반음(#)을 올린 것이라고 합니다. 두 번째는 C++ 언어에서 ++를 추가하여 C++++로 사용하려고 하였으나, 길이가 길어지고 보기 좋지 않아 ++를 우측이 아니라 아래에 붙여서 C#으로 하였다고 합니다. 여담으로 개발할 당시 이름은 'Cool(C-like Object Oriented Language)'이었지만, 이미 사전에 다른 많은 뜻이 있고, 특히 프로그래밍 언어를 사용하는 개발자들은 검색을 많이 하는데, 검색 시에 'Cool'은 다른 것들이 많이 검색되어 효과적이지 않았다고 합니다. 그래서 최종적으로는 'Cool'이 아닌 C#으로 이름을 바꾸어 출시하였다고 합니다.

인터프리터 방식의 언어

인터프리터(interpreter, 번역기, 통역기)는 프로그래밍 언어의 소스 코드를 컴파일 없이 바로 실행하는 컴퓨터 프로그램 또는 환경을 말합니다.

컴파일러 방식 언어로 만들어진 프로그램은 일반적으로 인터프리터 방식 언어를 이용해 만들어진 프로그램보다 더 빠르게 동작합니다. 그러나 인터프리터 방식의 장점은 기계어로 번역하는 컴파일 과정을 거칠 필요가 없다는 데 있습니다. 만약 소스 코드의 크기가 크다면 컴파일 과정을 수행하는 시간도 오래 걸리게 됩니다. 개발 과정에서는 무수히 많은 컴파일 과정을 거치게 되는데요. 그때마다 컴파일하는 시간은 엄청나게 증가하고, 그로 인해 개발 기간이 인터프리터 방식 언어보다 더 오래 걸리게 됩니다.

이와는 달리 인터프리터 방식은 소스 코드를 컴파일 과정 없이 바로 실행시킬 수 있습니다. 소스 코드를 작성하는 프로그램의 개발 단계에서 소스 코드에 기능을 추가할 때마다 기능 검증을 위한 실행을 반복하는데요. 이때마다 인터프리터 방식은 컴파일 과정 없이 빠르게 실행할 수 있기 때문에 컴파일러 방식에 비해 개발 기간이 짧습니다. 이외에도 인터프리터를 이용하면 프로그래밍을 대화식으로 할 수 있어서 학생들의 교육용으로 사용되는 경우도 늘어나고 있습니다.

고급 프로그래밍 언어 중 몇몇의 컴파일러 방식 언어를 제외한 대부분이 인터프리터 방식 언어라고 할 수 있으며 그로 인해 경쟁도 치열합니다. 인터프리터는 자체적으로 실행 기능이 없기 때문에 프로그램 실행을 위한 목적 프로그램(.exe)을 만드는 곳만 컴파일러 방식 언어를 사용하고 대부분의 코드를 인터프리터 방식 언어로 작성하여 결합하는 경우가 많습니다. 컴파일러 방식 언어는 C 언어를 비롯해 소수에 불과하지만, 인터프리터 방식 언어는 인터넷 웹 브라우저에서 동작하는 자바스크립트(Javascript), 데이터베이스 언어인 SQL, 그리고 자체 프로그래밍 언어 중 파이썬(Python), 루비(Ruby), 스크래치(Scratch) 등 매우 다양합니다.

인터프리터 방식 언어가 많아지는 이유는 프로그래밍 언어의 설계가 쉽기 때문이기도 합니다. 컴파일러 방식 언어는 컴파일러로 만들어야 하기 때문에 세밀한 설계가 필요합니다. 반면 인터프리터 방식 언어들은 실행 부분을 컴파일 방식 언어로 실행한다는 전제 조건이 붙습니다. 이러한 점 덕분에 프로그래밍 언어를 설계할 때 언어 설계자가 자신이 원하는 부분을 구현하는 데 도움을 줍니다. 그래서 언어 설계 기간이 엄청나게 단축됩니다.

인터프리터 방식은 실행 때마다 소스 코드를 한 줄씩 기계어로 번역하는 방식이기 때문에 실행 속도는 컴파일 방식 언어보다 느립니다. 이를 해결하기 위해 바이트코드 컴파일러를 이용해 소스 코드를 가상 머신 타깃의 바이트코드로 변환하여 사용하며, 반복적으로 쓰이는 함수와 클래스 등의 기계어 코드를 캐싱(Cashing)하는 JIT(just-in-time) 컴파일러를 인터프리터에 내장하는 방식을 도입하기도 하였습니다.

그렇다면 이렇게 속도가 느린 인터프리터 방식 프로그래밍 언어를 왜 쓰느냐는 의문을 품게 될 것입니다. 인터프리터 방식 언어는 프로그램 수정이 간단하다는 장점이 있습니다. 컴파일러는 소스 코드를 번역해서 실행 파일을 만들기 때문에 프로그램에 수정 사항이 생기면 소스 코드 전체를 다시 컴파일해야만 합니다. 프로그램이 작고 간단하면 문제가 없겠지만 프로그램 덩치가 크다면 컴파일 과정이 몇 분에서 심지어는 몇 시간 이상 오래 걸릴 수도 있습니다. 하지만 인터프리터는 소스 코드를 수정해서 실행시키면 됩니다. 이러한 장점 때문에 인터프리터 방식 언어는 수정이 빈번히 발생하는 용도의 프로그래밍에서 많이 사용되고 있습니다. 심지어 실행 중인 프로그램을 종료하지 않고, 실행 중인 상태에서 코드를 수정하여 적용할 수도 있습니다.

인터프리터 방식은 디버그 과정에서 컴파일러와 달리 코드를 한 줄씩 실행시킬 수도 있기에 어떤 코드를 작성하고 바로 실행해보고 문제가 있으면 바로 수정할 수 있습니다. 구문 오류의 경우 예전 인터프리터의 경우에는 정말로 한 줄씩 읽어서 실행했기에 오류가 있는 부분 전까지는 멀쩡하게 실행되는 경우가 많았습니다. 그렇다 보니 실행되지 않는 부분에는 오류가 있어도 오류로 처리되지 않는 경우도 존재하였습니다. 하지만 최근에는 성능 등의 이유로 파일을 실행하면 파일 전체를 컴파일하는 방식을 사용하기 때문에 처음부터 구문 오류를 전부 잡아주는 인터프리터도 많아지고 있습니다.

인터프리터 방식은 소스 코드가 쉽게 공개된다는 단점이 있습니다. 컴파일러 방식 언어도 기계어를 읽으면 프로그램이 어떻게 동작하는지 알 수 있으며, 디컴파일러(Decompiler)를 이용하여 고급 프로그래밍 언어로 변환하는 것도 불가능한 것은 아니지만 분석하기에 굉장히 힘듭니다. 그러나 인터프리터 방식 언어의 경우 소스 코드를 바로 실행하는 방식이므로 소스 코드를 사용자에게 그대로 제공하게 됩니다. 인터넷 브라우저 엣지(Edge),

크롬(Chrome) 등을 사용하고 있다면, 웹 페이지에서 마우스 우측 버튼을 클릭하여 '페이지 소스 보기' 혹은 '페이지 원본 보기'를 선택해보세요. 해당 웹사이트의 소스 코드를 바로 확인할 수 있습니다.

마이크로소프트가 사랑한 베이직(BASIC)

베이직(Basic)은 간단하고 배우기 쉬운 언어로 잘 알려져 있습니다. 본래 영어 단어 'base'의 형용사형인 'basic'에서 따온 말로서 1986년에 제정된 외래어 표기법에 따르면 '베이식'이 정확한 표기이지만 한국에서는 '베이직'이라는 표기가 널리 통용되고 있습니다. 1980년대에 국내에 처음 소개될 때부터 잘못된 발음(베이직)으로 불렸으며 아예 교본 등 출판물까지 '베이직'으로 표기되었습니다. 수많은 한국인이 베이식(basic)이란 단어를 베이직으로 잘못 발음하게 만든 주범이 바로 프로그래밍 언어 베이직(Basic)입니다.

베이직 언어는 1963년 다트머스대학교의 존 케메니(John Kemeny)와 토마스 커츠(Thomas Kurtz)가 개발하였습니다. 본래는 대화형 메인프레임 시분할 언어로 설계되었으며, 퍼스널 컴퓨터에 채용됨으로써 널리 사용되는 언어가 되었습니다. 간단한 영어 단어를 기반으로 한 명령어를 사용함으로써 누구나 쉽게 배울 수 있다는 장점이 있었으며, 오랫동안 대표적인 프로그래밍 교육용 언어로 활용되었습니다. 그리고 오늘날까지도 마이크로의 지원으로 비주얼 베이직(Visual Basic, VB)이라는 이름으로 그 생명력을 유지하고 있습니다.

베이직 언어는 상용 소프트웨어 시장이 너무나 작았던 퍼스널 컴퓨터 초창기인 1970~1980년대에 많은 사용자가 스스로 필요한 프로그램을 만들어 쓸 수 있게 해주는 유용한 도구였습니다. 게다가 의외로 심오한 면이 있어서 프로그램을 만들며 배우다 보면 제법 강력한 기능을 가진 프로그램도 만들 수 있었습니다. 오늘날에도 베이직(Basic) 계열의 언어인 VBA(Visual Basic for Application)를 통해 마이크로소프트 오피스(MS Office)용 매크로(Macro)와 프로시저(Procedure)를 작성하여 업무에 활용할 수 있습니다.

무엇보다도 베이직은 마이크로소프트가 사랑하는 언어로도 유명합니다. 아는 사람이 드물지만 마이크로소프트에서는 MS-DOS 시절부터 윈도우XP까지도 베이직 인터프리터(QBASIC)를 번들로 제공했습니다. 오늘날에도 베이직 언어가 생명력을 유지하는 데는 마이크로소프트의 힘이 결정적이었다고 해도 과언이 아닐 것입니다. 뒤집어 말하면 마이크로소프트가 아니었으면 아마도 베이직은 벌써 망했을지도 모르겠네요.

이렇게 마이크로소프트가 전폭적으로 지원해줬지만, 교육용으로 어느 정도 성과를 나타내는 데 그칠 뿐이며 실무로 사용하기에는 생산성이 낮았습니다. 그래서 "베이직 언어는 공부하기는 좋은데 공부해서 사용할 만한 곳이 없다"라는 말이 있었다고 합니다.

마이크로소프트는 1990년대 후반까지도 어느 정도 인기도 있고 활용도도 높았던 비주얼 베이직(Visual Basic 버전 6.0, VB)을 2000년대 초반 닷넷 프레임워크(.NET Framework) 기반의 비주얼 베이직 닷넷(Visual Basic .NET, VB .NET)으로 전환하였습니다. 문제는 이전 버전의 비주얼 베이직과 호환성을 지원하지 않아서 기존 VB 개발자들에게 엄청난 비난을 받았다는 것입니다. 그도 그럴 것이 비주얼 베이직 닷넷으로 개발하기 위해서는 비주얼 베이직으로 작성된 기존 코드를 전부 버리고 비주얼 베이직 닷넷으로 새로 코드를 작성해야만 했던 것입니다. 즉 같은 비주얼 베이직이라는 이름을 사용하지만 실제로는 비주얼 베이직과 비주얼 베이직 닷넷은 전혀 다른 프로그래밍 언어가 되고 말았습니다.

이로 인해 많은 개발자가 마이크로소프트를 떠나게 되었습니다. 심지어 20여 년이 지난 지금까지도 비주얼 베이직 닷넷이 아닌 비주얼 베이직으로 프로그램을 개발하고 있는 개발자들도 많습니다. 그로 인해 신규 비주얼 베이직 닷넷과 기존 비주얼 베이직 6.0을 사용하는 진영이 나뉘었습니다. 마이크로소프트조차 비주얼 베이직 6.0 진영의 반발 여론에 밀려서 지금까지도 비주얼 베이직 닷넷 기반 언어로 모두 전환하지 못하고 비주얼 베이직 6.0 기반의 VBA(Visual Basic for Applications)를 유지하는 실정입니다. 비주얼 베이직 닷넷으로 전환하는 과정이 매우 부실했으며 마이크로소프트가 강압적으로 전환하는 과정에서 수반된 비주얼 베이직 6.0 진영의 반발을 무마하는 데 실패한 것입니다. 비주얼 베이직 6.0에 뚜렷한 결함이 있는 것도 아닌 상황에서 마이크로소프트에서 개발자들이 납득할 만한 명분을 내세우지 못한 것이었습니다.

이 사건은 프로그램 개발에 있어 개발자들의 역할이 얼마나 막강한지 알 수 있는 계기가 되었습니다. 아무리 잘 만들어진 프로그래밍 언어라 하더라도 개발자들이 사용하지 않는다면 그 프로그래밍 언어는 성공할 수 없다는 것을 알게 되었습니다. 그러다 보니 매년 프로그래밍 언어 개발사들은 비행기 표와 최고급 호텔을 제공하기까지 하며 유명 개발자들을 초청하여 국제 컨퍼런스(회의)를 개최하고 있습니다.

웹 개발의 필수 자바스크립트 (JavaScript)

자바스크립트(JavaScript)는 객체 기반의 스크립트 프로그래밍 언어입니다. 모든 웹 브라우저(크롬, 엣지, 파이어폭스 등) 내에서 사용되며 다른 응용 프로그램의 내장 객체에도 접근할 수 있는 기능을 가지고 있습니다. 또한 요즘에는 브라우저의 한계를 벗어나 Node.js와 같은 런타임 환경을 제공하여 서버 프로그램 개발에도 사용하고 있습니다.

자바스크립트는 본래 넷스케이프 커뮤니케이션즈 코퍼레이션(이하 넷스케이프)의 브렌던 아이크(Brendan Eich)가 처음에는 모카(Mocha)라는 이름으로, 나중에는 라이브스크립트(LiveScript)라는 이름으로 개발하였으며, 최종적으로 자바스크립트(JavaScript)가 되었습니다. 자바스크립트가 썬마이크로시스템

즈의 자바(Java)와 구문이 유사한 점도 있지만, 이는 사실 두 언어 모두 C 언어의 기본 구문에 바탕을 뒀기 때문이고, 자바스크립트와 자바 사이에 연관성은 거의 없습니다.

이름이 비슷하다고 같은 언어가 아닙니다. 자바스크립트(JavaScript)를 줄여서 자바(Java)라고 말하는 사람들이 있는데요. 절대로 그렇게 줄여서 말하면 안 됩니다. 자바(Java)는 JVM(Java Virtual Machine) 기반의 컴파일러 방식 언어이고, 자바스크립트(JavaScript)는 인터프리터 방식 언어로 그 동작 방식이 완전히 다릅니다.

자바스크립트를 개발한 넷스케이프는 당시 엄청난 인기를 끌고 있던 자바(Java) 언어와 유사한 자바스크립트(JavaScript)라는 이름으로 개명함으로써 마케팅에 적극 활용하였습니다. 그 덕분인지는 모르겠지만 자바스크립트는 상당히 유명해졌으나 초창기 수많은 버그와 체계적이지 못한 점 때문에 프로그래머 사이에 악명이 자자하였습니다. 그렇게 점점 개발자들에게 외면받으면서 잊히는 듯했습니다.

그러던 중 2008년 구글이 오픈 소스 자바스크립트 엔진 V8이 탑재된 크롬 브라우저를 발표하였습니다. 기존 자바스크립트의 문제점을 상당수 해결하고, 속도를 수십 배 빠르게 개선함으로써 자바스크립트가 전성기를 맞을 수 있는 계기를 마련하였습니다.

자바스크립트는 오늘날 HTML(Hypertext Markup Language), CSS(Cascading Style Sheets)와 함께 웹(Web)을 구성하는 중요한 요소 중 하나입니다. HTML이 웹 페이지의 기본 구조를 담당하고, CSS가 디자인을 담당한다면 자바스크립트는 클라이언트(고객 컴퓨터)에서 웹 페이지가 동적으로 동작하는 것을 담당합니다. 웹 페이지를 자동차에 비유하자면, HTML은 자동차의 뼈대, CSS는 자동차의 외관, 자바스크립트는 자동차의 엔진이라고 볼 수 있습니다.

웹사이트 개발을 하고자 한다면, 자바스크립트는 필수로 습득해야 하는 프로그래밍 언어이며, 자바스크립트를 기반으로 제이쿼리(jQuery), 앵귤러제이에스(AngularJS), 리액트(React0) Vue.js, Node.js, Express.js, 데노(Deno), 스벨트(Svelte), 타이프스크립트(TypeScript), 커피스크립트(CoffeeScript), 자바스크립트닷넷(JavaScript.NET) 등으로 확장하여 막강한 기능을 자랑하고 있습니다.

가장 인기 있는 언어
파이썬(PYTHON)

　파이썬(Python)은 1991년에 네덜란드의 프로그래머 귀도 반 로섬(Guido van Rossum)에 의해 만들어졌습니다. 영어와 비슷하면서도 읽고 쓰기 쉬운 특유의 문법을 가진 프로그래밍 언어입니다. 파이썬은 로섬이 1989년 크리스마스에 연구실이 닫혀 있어서 심심해서 만들어본 프로그래밍 언어라고 합니다. 심지어 이름 또한 로섬이 좋아하던 영국의 6인조 코미디 그룹 '몬티 파이썬'에서 유래했다고 합니다.

초창기에는 실행 속도가 엄청나게 느리고 안정성이 낮아서 인기를 끌지 못하였지만, 점차 안정성이 개선되고 컴퓨터의 성능이 좋아지면서 2010년대 중반 이후로 많이 사용되게 되었고, 2022년 1월에는 티오베 지수(TIOBE Index, 프로그래밍 언어의 인기도를 측정하는 척도) 기준 1위를 기록하였습니다.

파이썬은 쉽게 코드를 작성할 수 있으면서도 범용성을 갖춰서 다양한 프로그램을 개발할 수 있고, 개발 속도 또한 상당히 빠릅니다. 또한 인간 친화적인 문법을 갖고 있어서 프로그래밍 비전공자들도 몇 주 혹은 며칠만 공부하면 자신이 원하는 프로그램을 코딩하여 만들 수도 있습니다. 이러한 특징 덕분인지 파이썬은 기존 프로그래밍 영역을 벗어나 과학, 공학, 의학, 생물학 등 프로그래밍을 전공하지 않은 다양한 분야의 사람들까지 널리 사용하기 시작하였습니다. 그리고 이렇게 많은 사람이 다양한 분야에서 만든 것들을 오픈 소스로 제공함으로써 더욱더 많은 사람이 파이썬을 사용하게 되었고, 기존의 다른 프로그래밍 언어를 사용하던 사람들까지 파이썬 사용자로 만들고 있습니다. 요즘에는 파이썬을 모르는 프로그래머를 찾아보기 어려울 정도입니다.

2010년대 후반에 머신러닝, 딥러닝 등 인공지능과 관련하여 수많은 오픈 소스가 공개되면서 인공지능 개발을 위한 언어로 각광을 받고 있습니다. 사이킷런(Scikit-learn), 텐서플로우

(TensorFlow), CNTK, 아파치 스파크 MLlib(Apache Spark MLlib), 파이토치(PyTorch) 등 성능도 뛰어나며 많이 사용되는 인공지능 라이브러리들 대부분이 파이썬으로 활용이 가능합니다. 인공지능을 활용하는 응용 기술은 대부분 파이썬으로 개발되었다고 말할 수 있을 정도입니다. 그로 인해 파이썬은 인공지능을 공부하기 위해서는 필수로 배워야 하는 프로그래밍 언어가 되었습니다.

그러나 파이썬은 실행 속도가 매우 느리다는 단점이 존재합니다. 파이썬은 C 언어에 비해 71.9배 느리고, 메모리를 2.8배 더 사용하고, 75.88배의 에너지를 소모한다고 합니다. 같은 기능을 하는 프로그램을 만들 때 파이썬이 C 언어에 비해 빠르게 코드

를 만들 수 있지만, 그 프로그램을 실행하기 위해서는 수십 배의 비용이 더 필요합니다. 하지만 우리의 컴퓨터들이 고성능화되면서 대부분의 프로그램들은 C 언어로 만들어진 프로그램과 파이썬으로 만들어진 프로그램의 실행 속도 차이를 체감하기는 어렵게 되었습니다. 그러나 인공지능과 같이 엄청나게 많은 계산을 필요로 하는 프로그램에서는 이 차이를 확실하게 체감하게 됩니다. 그래서 인공지능 등 많은 프로그램이 엔진에 해당하는 부분은 C 언어와 같은 실행 속도가 빠른 언어로 개발하고, 활용하는 부분은 코딩이 쉬운 파이썬과 같은 프로그래밍 언어로 개발하고 있습니다.

이러한 단점에도 불구하고 파이썬은 배우기 쉽다는 특징 때문에 교육용 프로그래밍 언어로도 각광받고 있습니다. 한국과 미국의 여러 대학교 프로그래밍 교육과정이 첫 프로그래밍 언어를 C, C++, 자바(Java)에서 파이썬으로 옮겨가는 추세입니다. 그리고 많은 대학이 프로그래밍 비전공자에게 파이썬을 교양 과목으로 가르치고 있습니다. 앞으로는 꼭 프로그래밍 분야가 아니더라도 다양한 분야에서 데이터 분석 및 인공지능 활용이 늘어날 것이기 예측되기 때문에 프로그래밍 비전공 학생에게도 상대적으로 배우기 쉬운 파이썬을 학습하도록 하고 있습니다.

14 티오베 지수(TIOBE INDEX)로 알아보는 프로그래밍 언어 순위

티오베 지수(TIOBE Programming Community Index, TIOBE Index)는 네덜란드 에인트호번에 본사를 둔 티오베 소프트웨어 BV(TIOBE Software BV)가 만들고 유지 관리하는 프로그래밍 언어의 인기를 측정하는 척도입니다. 티오베 지수는 프로그래밍 언어를 이용하는 엔지니어의 수, 프로그래밍 언어 관련 강좌 및 홈페이지의 수, 그리고 구글(Google), 빙(Bing), 위키피디아(Wikipedia) 등 다수의 검색 엔진의 검색 횟수 등을 기반으로 순위를 산정합니다.

티오베 지수에서는 해당 프로그래밍 언어가 과거부터 현재까지 얼마나 인기 있는지 종합적으로 판단하고 있습니다. 그래서 티오베 인덱스에서는 C 언어나 자바(Java)와 같이 오래전부터 인기 있었던 프로그래밍 언어의 순위가 높게 나타나는 경향이 있습니다. 아쉽게도 한국의 대표적인 검색 사이트 카카오(다음), 네이버 등에서는 해당 지수에 정보를 제공하지 않아 한국의 상황은 제대로 반영되지 않고 있으니 참고용으로만 봐주세요. 티오베 지수의 상세한 정보는 https://www.tiobe.com/tiobe-index/에서 확인할 수 있습니다.

위 티오베 지수는 2022년 6월에 발표되었으며 2002년 이후의 프로그래밍 언어 순위 변화를 볼 수 있습니다.

파이썬의 순위는 2018년을 기점으로 꾸준히 증가하고 있으며, 2022년 1월 드디어 C 언어와 자바(Java)를 넘어서 가장 인기 있는 프로그래밍 언어가 되었습니다. 그동안 C 언어 혹은 자바

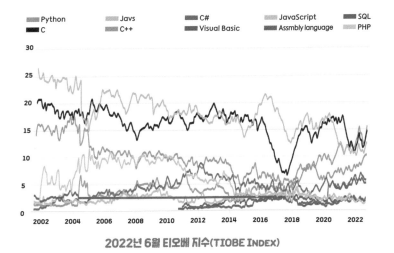

2022년 6월 티오베 지수(TIOBE INDEX)

(Java)가 강세였던 것을 생각한다면 최근 파이썬의 인기 상승에 대해 여러 가지로 생각해볼 것이 많은 것 같습니다.

최근 금융, 화학, 기계 등 다양한 분야에서 인공지능, 데이터 마이닝, 머신러닝, 딥러닝 등의 응용 프로그램을 개발하고 있는데요. 이러한 응용 프로그램 개발에 있어서 파이썬이 주로 이용되고 있으며, 컴퓨터 과학 분야의 여러 연구자가 자신들의 연구 결과를 주로 파이썬을 이용하여 구현하고 배포하기 때문에 최신 알고리즘을 이용하기 위해서는 파이썬이 필수가 된 것도 파이썬의 인기 상승에 큰 역할을 하고 있습니다. 10여 년 전만 하더라도 자신의 연구를 위해 프로그래밍이 필요한 경우, 프로그래머와 협업해야 했지만, 배우기 쉽고 강력한 기능을 갖는 파이썬의 등장으로 프로그래밍 비전공자도 쉽게 배워서 자신의 업무에 활용할 수 있게 됨에 따라 파이썬의 인기는 계속해서 높아지고 있습니다.

그리고 프로그래밍을 배우는 초보자도 첫 프로그래밍 언어로 C 언어나 자바(Java)와 같은 전통적 언어가 아닌 최신 파이썬 언어를 배우게 되면서 그 인기가 더욱 증가하고 있습니다.

Aug 2022	Aug 2021	Change	Programming Language	Ratings	Change
1	2	∧	Python	15.42%	+3.56%
2	1	∨	C	14.59%	+2.03%
3	3		Java	12.40%	+1.96%
4	4		C++	10.17%	+2.81%
5	5		C#	5.59%	+0.45%
6	6		Visual Basic	4.99%	+0.33%
7	7		JavaScript	2.33%	-0.61%
8	8		Assembly language	2.17%	+0.14%
9	10	∧	SQL	1.70%	+0.23%
10	9	∨	PHP	1.39%	-0.80%
11	24	≪	Objective-C	1.27%	+0.30%
12	14	∧	Go	1.27%	+0.04%
13	20	≪	Delphi/Object Pascal	1.22%	+0.60%
14	16	∧	MATLAB	1.22%	+0.61%
15	17	∧	Fortran	0.98%	+0.08%
16	15	∨	Swift	0.92%	-0.13%
17	11	≫	Classic Visual Basic	0.90%	-0.08%
18	18		R	0.82%	-0.18%
19	19		Perl	0.81%	-0.32%
20	13		Ruby	0.72%	-0.06%

티오베 지수로 본 프로그래밍 언어 인기 순위

출처: https://www.tiobe.com/tiobe-index/

★ 5장에서 배운 것을 정리해봅시다 ★

* 프로그래밍 언어는 기계어와 니모닉을 기반으로 한 저수준 프로그래밍 언어와 고급 프로그래밍 언어로 나눌 수 있습니다.

* 기계어보다 고급 프로그래밍 언어를 사용하여 코딩하는 것이 더 쉽지만, 기계어로 번역하는 과정을 거친 후에 실행할 수 있습니다.

* 이때 번역하는 방식에 따라 컴파일러 방식과 인터프리터 방식 언어로 구분합니다.

* 컴파일러 방식의 언어는 대표적으로 절차 지향 언어인 C 언어와 객체 지향 언어인 C++과 자바(Java), 그리고 C# 등이 있습니다.

* 요즘은 통역가가 한 문장씩 통역하듯이 코딩한 내용을 한 줄씩 번역하면서 실행하는 인터프리터 방식의 프로그래밍 언어가 많이 사용됩니다.

* 인터프리터 방식 언어는 파이썬(Python), 루비(Ruby), 스크래치(Scratch)에서 자바스크립트(Javacsript)와 SQL에 이르기까지 매우 다양합니다.

* 인터프리터 방식 언어는 프로그램 수정이 매우 간단해서 날로 그 인기가 높아지고 있습니다.

* 파이썬(Python)은 최근 티오베 지수(TIOBE Index)에서 순위가 계속 상승하며 2022년 1월부터 1위를 차지하고 있으며, 비전공자들도 쉽게 배워서 데이터 분석, 인공지능 등 다양한 분야에 활용하고 있는 프로그래밍 언어입니다.

★ QUIZ ★

Q1 컴파일러를 통해 기계어로 한 번에 번역하는 방식의 고급 프로그래밍 언어는 '인터프리터 방식 프로그래밍 언어'이다.

O   X

Q2 컴퓨터의 성능이 향상됨에 따라 컴파일러 방식 언어보다 인터프리터 방식 언어가 더욱 많이 사용되는 추세이다.

O   X

Q3 0과 1로만 이루어진 기계어를 니모닉(mnemonic)으로 바꾸었습니다. 이 니모닉을 기반으로 만든 언어를 무엇이라고 할까요?

① 코드(Code)   ② 디버그(Debug)

③ 프로그램(Program)   ④ 어셈블리(assembly)

Q4 다음 중 인터프리터 방식 언어는 무엇일까요?

① C++   ② 자바(Java)

③ 파이썬(Python)   ④ 어셈블리(Assembly)

Q5 인터프리터 방식 언어로써 많은 비전공자에 의해 데이터 분석 및 인공지능 등 다양한 분야에서 활용되고 있는 프로그래밍 언어는 무엇일까요?

답: ─────────────

정답 01. X / 02. O / 03. ④ / 04. ③ / Q5. 파이썬(Python)

CHAPTER 6

가장 많은 이들이
사용하는 언어,
파이썬 이야기

세계에서
가장 많이 사용하고
사랑받는 언어

　세상에는 다양한 프로그래밍 언어들이 있어요. 그중에서 파이썬이 특별한 이유는 바로 '인기' 입니다. 앞 장에서 알아본 티오베 지수(TIOBE Index)는 매달 프로그래밍 언어의 인기 지수를 조사하여 발표하고 있습니다. 여기에서 파이썬은 2022년 1월에 1위를 차지한 이후 6개월이 지난 2022년 7월 현재까지도 계속해서 1위 자리를 유지하고 있습니다.

　아마도 당분간은 파이썬이 이 자리를 차지할 것으로 전망됩니다. 또한 공개 소스 프로젝트 사이트인 깃허브(Github)에서도 파이썬으로 만들어진 프로젝트가 2위에 자리하고 있습니다. 세계 최대의 프로그래밍 질문·답변 사이트 스택오버플로우(StackOverflow)에서는 파이썬과 관련된 내용이 네 번째로 많습니다.

　프로그래밍 언어에 있어서 인기는 해당 프로그래밍 언어가 얼마나 유용한지 판단할 수 있는 매우 중요한 척도입니다. 그 언어를 사용하는 사람이 많다는 것은 그 언어로 해결해놓은 문제가 많다는 것이고, 그 언어를 필요로 하는 곳이 많다는 뜻이기도 합니다. 오히려 어떤 언어의 기능적인 우수함이나 완성도는 인기에 비하면 부수적인 특성일 수도 있습니다. 아무리 잘 만들어진 언어라 할지라도 어렵게 만들어져서 배우기 힘들고 잘 사용되지 않는다면, 그 언어는 얼마 가지 못하고 잊힐 거예요. 하지만 파이썬은 강력한 기능을 갖추었으면서도 누구나 쉽게 배울 수 있는 특징 덕분에 많은 사람이 사용하는 매우 중요한 프로그래밍 언어가 되었어요.

　프로그래밍 언어를 처음 배우려는 분들에게는 언어의 기능이라는 것이 무엇을 의미하는지 공감하기 어려울 수도 있기 때문에 여기에서 자세히 언급하지는 않겠습니다. 파이썬은 인기가 높을 뿐만 아니라 쉽게 배울 수 있으면서도 매우 우수한 기능을 자랑하는 언어라는 사실만 기억해주세요.

　특히 파이썬은 교육용 프로그래밍 언어로서 큰 인기를 얻고 있어요. 한국, 미국, 이스라엘 등 많은 대학교에서 예전에는 첫 프로그래밍 강좌로 C, C++나 자바(Java)를 많이 선택하였으나, 요즘에는 파이썬을 선택하고 있습니다. 대부분 우리나라 대학교에서도 파이썬을 첫 프로그래밍 언어로 가르치고 있으며, 심지어 프로그래밍과 관련이 없는 미술학과, 체육학과 등에서도 교양과목으로 채택하여 가르치고 있습니다. 이제 실제로 프로그래밍해보면서 파이썬에 대해 조금 더 자세히 알아볼게요.

온라인 통합 개발 환경

　코딩하기 위해서는 가장 먼저 개발 환경을 구축해야 합니다. 예전에는 "개발 환경을 구축하면 개발의 절반은 성공한 것이다" 라는 말이 있을 정도로 개발 환경을 구축하는 것 자체가 너무나 어려웠습니다. 그리고 프로그래밍을 처음 배우기 시작한 많은 사람 중 상당수는 개발 환경을 구축하는 도중에 포기하기도 하였습니다. 다행히 우리는 개발 환경을 따로 구축할 필요 없이, 인터넷만 연결 가능하다면 어디서든 내가 원하는 프로그래밍 언어로 바로 코딩을 시작할 수 있는 시대에 살고 있습니다.

　지금 여러분 앞에 컴퓨터 혹은 스마트폰이 있나요? 인터넷 브라우저(엣지, 크롬 등)를 실행하여 '온라인 파이썬'을 검색하여 https://www.online-python.com/에 접속하면, 바로 파이썬

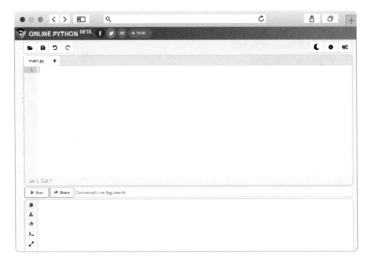

온라인 파이썬 사이트 접속 화면

코딩을 시작할 수 있습니다.

　과거의 프로그래머들이 코딩을 시작하기 위해 며칠 혹은 몇 주에 걸쳐 개발 환경을 구축하던 것을 우리는 지금 불과 몇 초 만에 해냈습니다. 여러분도 이제 개발 환경을 구축하였으니 이미 프로그래밍 언어의 절반을 배운 것이나 마찬가지입니다. 프로그래머의 세계에 첫발을 내디딘 것을 축하합니다. 자! 이제 파이썬으로 코딩을 시작해봅시다.

프알몬 군의 좌충우돌 프로그래밍 입문기

"코딩이 도대체 뭐야?"

요즘 코딩이라는 말은 컴퓨터가 자신의 전공 분야가 아니더라도 누구나 한 번쯤 들어보았을 법한 핫(hot)한 키워드입니다. 하지만 프알몬(프로그램을 알지 못하는 몬스터) 군에게는 코딩이라는 이름조차 낯설기만 합니다. 현재 학교에 다니고 있는 10대 여러분도 한 번쯤 들어보셨을 텐데 말이죠! 어느 중학교의 자유 학년제 담당 선생님께서도 코딩이 아이들에게는 인기가 많은 주제라고 말씀하시면서도 코딩 수업을 맡아줄 선생님을 모시기는 쉽지 않다고 하네요.

오늘의 인터넷 뉴스를 열어 보니 식당 예약 솔루션을 개발한 26세의 젊은 CEO에 관한 기사가 눈에 띕니다. 기사 속 이 주인공은 10여 년 전 자신의 적성에 따라 진학했던 IT 특성화고를 도중에 그만두었고, 이런저런 우여곡절 끝에 스스로 대안학교를 세워 그곳에서 2년간 자신의 관심 분야인 IT를 집중적으로 공부했다고 합니다. 그는 초등학교 때 지역 교육청에서 운영한 코딩 프로그램에 참여했던 경험을 계기로 현재에 이르게 되었다고 해요. 3차 산업혁명 시대를 지나 이제 4차 산업혁명 시대로 접어들었다고 하는데요. 또 한 번 다가오는 이러한 변화의 물결 속에서 주변인이 아닌 주인공으로 살고자 한다면 무엇부터 시작해야 할까요?

04 코딩도 한걸음부터

프알몬 군이 큰마음을 먹고 오랜만에 도서관에 찾아가서 사서 선생님께 코딩 관련 도서를 추천해달라고 부탁했어요. "그동안 말로만 들어본 코딩이 진짜 뭔지 알아보고 싶어요. 저에게 적당한 책 좀 골라주세요." 사서 선생님께서는 초보용이라고는 하지만 각각 300쪽, 500쪽에 달하는 책 두 권을 추천해주셨습니다. 손안에 책은 쥐었지만 그 속은 짐작조차 하기 어려운 미지의 세계입니다. 책을 건네주시면서 사서 선생님께서도 대학 시절 교양과목으로 C 언어 수업을 들었다가 엄청나게 고생했다고 말씀하시네요. 그래서 프로그래밍을 알지 못하는 프알몬 군은 요즘 가장 인기 있으면서도 초보자가 배우기에 적합하다는 파이썬 언어를 공부해보기로 마음먹었습니다.

마이크로소프트를 창업한 빌 게이츠는 열세 살 때, 페이스북의 마크 저커버그는 무려 여덟 살 때 컴퓨터를 처음 접했다고 합니다. 그들에 비하면 프알몬 군은 조금 늦었네요. 하지만 일본의 한 은행원이 은퇴 후 60세에 처음 애플리케이션 개발 방법을 공부했다고 하죠. 그녀는 6개월간 코딩을 공부해서 노인들이 즐길 수 있는 게임을 만들어냈고, 애플사가 개최하는 세계 개발자 컨퍼런스(회의)에서 세계 최고령 개발자로 소개되기도 했답니다. 은행원으로 근무했다면 대학교에서 경제학, 경영학 혹은 무역학 등 경상 계열 학과를 전공했을 가능성이 커요. 그것이 사실이라

면 그녀는 고등학교 시절에 수학은 확률·통계까지만 공부했을 테고요.

그래서 프알몬 군도 한번 용기를 내어보려고 합니다. 그리고 또 혹시 아나요? 그에게 어떤 아이디어가 번뜩여서 애플리케이션을 출시하게 될지도 모르잖아요. 내로라하는 글로벌 IT 기업의 창업주나 사원들도 처음에는 빨간 원, 파란 네모를 그리는 것에서 프로그래밍을 시작했다고 이야기합니다. 그들은 또한 앞으로는 돈을 벌거나 세상을 바꾸려면 코딩을 해야 하지만, 그렇다고 절대로 천재적인 두뇌를 가질 필요는 없다고 말합니다.

코딩 1일차 -
출력(함수)

오늘은 프알몬 군이 첫 프로그래밍 언어, 파이썬에 입문하는 날입니다.

온라인 파이썬에 접속하니 'main.py'라는 창이 뜹니다. 대부분의 프로그램은 'main' 파일부터 시작한다고 합니다. 그리고 'main' 뒤에 따라오는 확장자 '.py'는 'python'의 앞글자를 나타낸다고 해요. 그래서 확장자를 보면 이 프로그램이 어떤 언어로 만들어졌는지 알 수 있어요. 확장자가 '.c'인 프로그램은 C 언어로 만들어진 것이고, '.cpp'은 C++, '.java'는 자바, '.js'는 자바스크립트로 만들어졌다는 것을 알 수 있습니다. 프알몬 군도 따라 해볼 수 있도록 예제 소스도 함께 보입니다. 예제를 따라 **print** 옆 괄호 안에 '나도 프로그래머!'를 입력합니다. 이렇게 프알몬

군은 난생 처음으로 '나도 프로그래머!'를 출력하는 프로그램을 코딩하였습니다. 그리고 녹색의 Run 버튼을 클릭하여 이 코드를 실행하였습니다.

아래 창에서 '나도 프로그래머!'라는 문구를 컴퓨터가 출력해주는 것을 확인할 수 있습니다.

프알몬 군은 '나도 프로그래머'라고 출력해주는 자신의 인생 최초의 프로그램을 만들어냈습니다. 이로써 프알몬 군은 프로그래머(코더)로 거듭났습니다. 이제 프알몬 군은 더 이상 프알못(프로그램을 알지 못하는 사람)이 아닙니다. 프로그래밍이라는 것이 우리가 생각하는 것만큼 어려운 것은 아니네요.

print는 컴퓨터에 문자 혹은 문장을 화면에 출력하는 명령어입니다. 컴퓨터에 명령을 내리는 것을 프로그래밍에서는 함수라고 하며, 다른 말로는 method, action이라고도 합니다. 함수는 열림 괄호 '('와 닫힘 괄호 ')'로 구성하며, 괄호 안에 데이터를 입력할 수 있습니다. 파이썬에서 사용할 수 있는 기본적인 자료 유형은 정수, 실수, 문자열 등이 있습니다.

컴퓨터의 언어는 숫자라면 인간의 언어는 텍스트(text)입니다. 그런데 코딩할 때, 인간의 언어인 텍스트 데이터, 즉 문자열도 저장할 수 있습니다. 파이썬은 다른 프로그램 언어보다 문자열 처리가 쉬운 편이라고 해요. 단, 문자열에 따옴표를 씌워줘야 해요. '나도 프로그래머!'에서 글자를 감싸고 있는 따옴표(')는 문자(한 글자) 혹은 문자열(두 글자 이상)을 표현할 때 사용합니다.

위 코드를 해석하면, ['나도 프로그래머!'라는 문장을 print 함수를 통하여 화면에 출력하라.]입니다.

코딩을 시작할 때, 평소 접하지 않았던 새로운 것이 굉장히 많을 거예요. 하지만 내가 모르는 것을 전부 이해하면서 코딩을 하려고 하면 너무 힘들고 지칠 수 있습니다. 코딩 초보일 때는 너무 이해하려고 애쓰기보다는 자연스럽게 이해가 될 때까지 코딩 연습을 하는 방법을 권하고 싶습니다. 시간이 쌓이다 보면 저절로 이해되는 부분이 늘어날 거예요.

보통은 공부하다 보면 과정이 중요하다고 하는데, 코딩은 꼭 그렇지만도 않습니다. 코딩은 과정보다 결과를 중요시할 때가 많습니다. 내가 전혀 이해하지 못하고 있더라도 코딩 결과가 원하는 대로 나왔다면 그 코드는 완성입니다.

코딩 2일차 - 변수와 상수

숫자, 문자 등의 데이터를 저장해 두는 공간을 변수라고 합니다. 변수는 말 그대로 변하는 숫자입니다. 데이터를 다른 말로는 값, 프로퍼티, 속성이라고도 합니다.

temp1은 '나도'라는 문자열을 저장하는 변수이고, temp2는 '프로그래머!'라는 문자열을 저장하는 변수입니다.

그런데 '나도'라는 문자열은 숫자가 아닌데 어떻게 변수에 저장할 수 있을까요? 사람들이 사용하는 숫자, 문자를 기계가 알아들을 수 있도록 0과 1로 표현한 최초의 언어가 미국 프로그래머들이 정한 아스키코드(ASCII Code)입니다. 아스키는 전자 컴퓨터 이전에 타자기의 키(Key)마다 고유한 숫자를 0에서 127까지 부여해서 만들어진 것이라고 해요. 즉 문자를 숫자로 변경하여

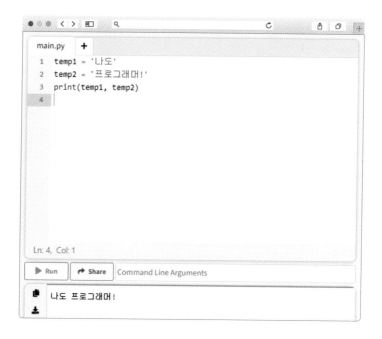

사용한 코드입니다. 이와 같이 컴퓨터에서 사용하는 모든 문자는 아스키코드 혹은 다른 코드에 의해 숫자로 바뀌어 컴퓨터가 알아볼 수 있게 됩니다. 또한 컴퓨터가 최종적으로 0과 1로만 이루어진 기계어로 번역되므로 문자로 이루어진 문장이라고 하더라도 결국에는 0과 1로 번역되게 되므로 숫자라고 볼 수 있습니다. 한글, 한문과 같이 아스키코드 표에 없는 글자는 유니코드(Unicode), UTF-8 등 다양한 코드표에 의해 숫자로 번역합니다.

그리고 중요한 개념 중 하나로, 코딩에서 사용하는 =은 수학에서 사용하는 등호 =와 의미가 다릅니다. 수학에서는 'x=1'이

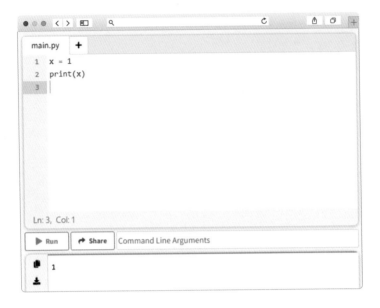

라고 하면, 좌항값 x와 우항값 1이 동일하다는 의미로 사용합니다. '1=x'라고 쓸 수도 있습니다. 하지만 코딩에서 =는 수학에서 갖는 동일하다는 의미와 다릅니다. 코딩에서는 우항값을 좌항값에 대입한다는 의미로 사용합니다. 즉 우항 1을 좌항 x에 복사해 넣는 것입니다. 그러므로 x=1은 성립하지만, 1=x는 성립하지 않습니다.

그리고 '나도'나 '프로그래머!'와 같이 변하지 않는 숫자를 상수라고 합니다. 상수는 프로그램을 시작해서 종료할 때까지 절대로 변하지 않는 숫자를 의미합니다. 위의 예로 든 'x=1'이라고 할 때 x는 값이 변하는 변수이고, 1은 프로그램이 시작하여 끝

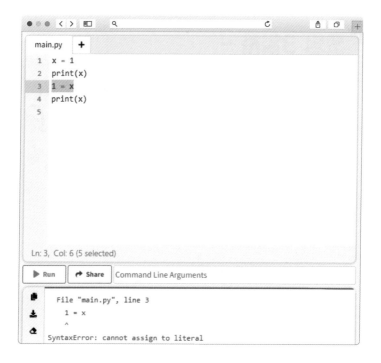

날 때까지 그 값이 1로 절대로 변하지 않는 상수입니다.

변수 x에 상수 1을 대입하라는 'x=1' 코드는 오류가 없습니다. 그렇지만 상수 1에 변수 x를 대입하려고 하면 컴퓨터는 오류를 일으킵니다.

위 그림의 코드를 실행하면 컴퓨터는 세번 째 줄 '1=x'에서 'SyntaxError: cannot assign to literal'이라며 코딩 문법이 잘못되었다고 알려주고 프로그램을 종료합니다.

코딩 3일차 –
입력(함수)

키보드를 통해 주문 메뉴를 입력받아 화면에 출력하는 코드를 만들어보겠습니다.

input은 프로그램 사용자로부터 키보드를 통해 문자열을 입력받을 때 사용하는 함수입니다. 컴퓨터가 화면에 '메뉴를 입력해 주세요:'라고 출력한 이후에 아랫줄에 커서가 깜박이고 있습니다. 커서가 깜박이는 것은 컴퓨터가 사용자의 입력을 기다리고 있다는 것을 표시해주는 것입니다. 사람이 키보드로 원하는 메뉴를 입력하고 엔터(Enter, Return)를 누르면, 사람이 입력한 데이터(문자열)가 컴퓨터로 전달됩니다.

여기서는 키보드로 입력한 데이터가 menu라는 변수에 대입(복사)됩니다.

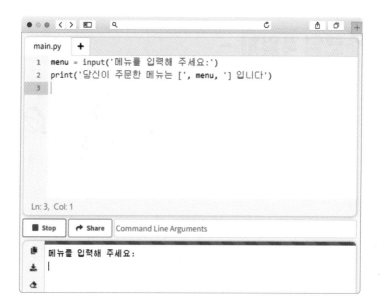

만약 당신이 '햄버거'라고 입력하였다면, **menu** 변수에 저장된 값은 '햄버거'가 됩니다.

그리고 그 아랫줄에 **print** 함수를 통해 사용자가 주문한 메뉴를 화면에 출력합니다.

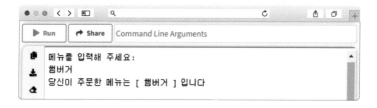

코딩 4일차 – 연산

컴퓨터는 기본적으로 산술 연산, 즉 더하기(+), 빼기(−), 곱하기(*), 나누기(/)를 할 수 있습니다. 그런데 우리가 수학 시간에 배운 곱하기와 나누기 기호와 다릅니다. 컴퓨터에서는 수학의 곱셈 기호와 영문자 x가 동일하게 보이므로 *를 곱하기 기호로 사용합니다. 그리고 수학에서 사용하는 나누기(÷)는 특수 문자로 간주되므로, 코딩에서는 /를 나누기 기호로 사용합니다.

x라는 변수에 3이라는 값을 대입하고, y라는 변수에는 2라는 값을 대입하였습니다.

그리고 x와 y를 더하면 5의 결과가 나옵니다. x에서 y를 빼면 1의 결과가 나옵니다. x와 y를 곱하면 6의 결과가 나옵니다. 그리고 x를 y로 나누면 1.5라는 결과가 나옵니다.

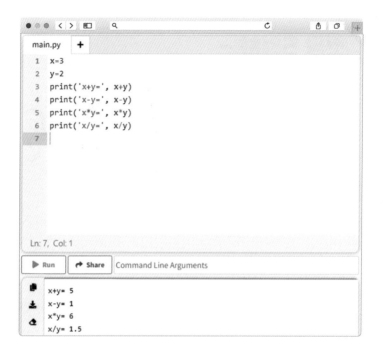

산술 연산 이외에 논리 연산, 비트 연산 등 다양한 연산 종류가 있습니다.

08

코딩 5일차 - 조건문

오늘은 사용자로부터 키보드로 점수를 입력받아 70점 미만이면 불합격이고, 70점 이상이면 합격을 출력하는 코드를 만들어보겠습니다. 우선 키보드로 문자열 데이터를 입력받기 위한 input 함수를 사용하여 점수를 문자열 형태로 입력받습니다.

입력받은 점수 문자열을 temp 변수에 대입(저장, 복사)합니다. 그런데 문자열은 70점 미만인지, 이상인지 숫자 비교를 할 수가 없습니다. 그래서 사용자로부터 입력받은 문자열이 저장된 temp 변수의 문자열을 숫자로 변환해야 합니다. int 함수는 문자열을 숫자로 변환하는 함수입니다. temp 변수에 저장된 문자열을 입력받아서 숫자로 변환하여 결과를 반환합니다. 그리고 그 반환한 결과를 score 변수에 숫자로 저장합니다.

그리고 점수 판별을 위한 조건문 if를 이용하여 사용자로부터 입력받은 점수가 숫자로 저장된 score 변수의 값이 70점 미만인지 아닌지를 판별합니다. 70 미만이면 if 조건이 만족하여 print 함수로 '불합격입니다'를 화면에 출력합니다. if 조건을 만족하지 않으면 print('**불합격입니다**') 코드를 실행하지 않고, else:의 print('**합격입니다**') 코드를 실행합니다. 이와 같이 score 점수 조건에 따라 코드의 실행을 달리하도록 하는 것을 조건문이라고 합니다.

```
main.py  +
1  temp = input('점수를 입력하세요')
2  score = int(temp)
3▾ if score < 70:
4      print('불합격입니다')
5▾ else:
6      print('합격입니다')
7  |
```

Ln: 7, Col: 1

Stop   Share   Command Line Arguments

점수를 입력하세요
|

Run 버튼으로 코드를 실행하면, input 함수로 '점수를 입력하세요'를 화면에 출력하고 프로그램 사용자의 키보드로 점수 입력을 기다립니다.

만약 **49**를 입력하였다면, 4라는 문자와 9이라는 문자가 합쳐진 **49** 문자열이 temp 변수에 대입(복사)됩니다. 그리고 그 아랫줄에서 문자열을 숫자로 변환해주는 int 함수를 이용하여 temp에 저장된 **49** 문자열을 숫자로 변환하여 score 변수에 숫자 **49**로 대입합니다.

이제 if 조건문에서 score 변수의 값이 **70** 미만의 조건이 성립하는지 판별합니다. score는 **49**이므로 조건이 성립한다. 그러면 print('**불합격입니다**') 코드가 실행되어 화면에 '불합격입니다'가 출력됩니다.

만약 80을 입력하였다면, 8이라는 문자와 0이라는 문자가 합쳐진 80 문자열이 temp 변수에 대입(복사)됩니다. 그리고 그 아랫줄에서 문자열을 숫자로 변환해주는 int 함수를 이용하여 temp에 저장된 80 문자열을 숫자로 변환하여 score 변수에 숫자 80으로 대입합니다.

if 조건문에서 score 변수의 값이 80이므로, 조건 70 미만은 만족하지 않으므로 이때는 print('불합격입니다') 코드가 실행되지 않고, else:의 print('합격입니다') 코드를 실행하게 됩니다. 그러므로 화면에 '합격입니다'가 출력됩니다.

위와 같이 조건문은 변수의 조건에 따라 실행되는 코드를 다르게 할 수 있습니다. 즉, 조건문을 사용함으로 다양한 기능을 수행하는 코드를 만들 수 있습니다.

코딩 6일차 – 반복문

1부터 10까지의 숫자를 더하여 총합을 구하는 프로그램을 만들어 봅시다.

우선 result라는 변수에 초기 값으로 0을 대입합니다.

그리고 result 변수(0)와 1을 더한 결과를 다시 result 변수에 1로 대입합니다.

그리고 result 변수(1)와 2를 더한 결과를 다시 result 변수에 3으로 대입합니다.

그리고 result 변수(2)와 3을 더한 결과를 다시 result 변수에 6으로 대입합니다.

이런 방식으로 10까지 반복하여 더한 결과 55를 result에 대입하고 print 함수를 이용하여 화면에 result를 출력합니다.

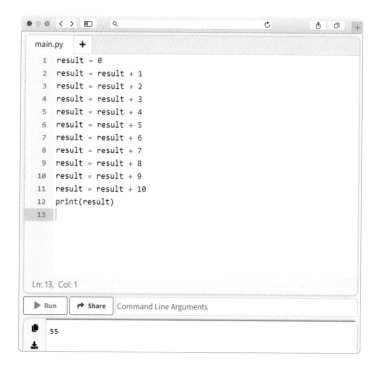

```
main.py  +
1    result = 0
2    result = result + 1
3    result = result + 2
4    result = result + 3
5    result = result + 4
6    result = result + 5
7    result = result + 6
8    result = result + 7
9    result = result + 8
10   result = result + 9
11   result = result + 10
12   print(result)
13
```

Ln: 13, Col: 1

▶ Run   ➤ Share | Command Line Arguments

55

만약 1부터 10000까지 더해야 한다면 코드는 상당히 길어지 겠지요. 어쩌면 밤새 코딩을 해야 할지도 모릅니다. 이런 수고 를 없애기 위해 코딩에는 특정 횟수만큼 반복하는 **for**와 조건이 만족하는 동안 반복하는 **while**이라는 반복문이 있습니다. 우선 **result**라는 변수에 초기 값으로 0을 대입합니다.

1,2,3,4,5,6,7,8,9,10은 리스트 혹은 배열이라고 합니다.

for 문에서 이 리스트에 있는 숫자를 좌측에서부터 하나씩 차례대로 값을 꺼내어 x라는 변수에 대입합니다. 첫 번째로 1을

대입합니다. 그리고 result 변수(0)에 더하기 연산을 수행하고 그 결과로 얻은 값 1을 다시 result 변수에 대입합니다. 이제 result의 값이 0에서 1로 변경되었습니다.

그리고 리스트의 두 번째 숫자(2)를 꺼내어 변수 x에 2를 대입하고 기존 result(1) 변수에 x의 값을 더하고, 그 결과(3)를 다시 result 변수에 대입합니다.

위와 같이 반복하여 이렇게 마지막 숫자 10까지 result에 더하면 result에 최종적으로 55의 값이 대입(저장)됩니다.

10까지 꺼내어 더하기 한 이후에는 더 이상 꺼낼 숫자가 남아 있지 않으므로 for 문을 수행하지 않고, 다음 줄 print 코드로 넘어가서 result 변수에 저장된 값을 화면에 출력하게 됩니다.

그런데 이것도 역시 1부터 10000까지의 합을 구하기 위해서는 리스트에 1,2,3,…,10000까지 코딩해주어야 합니다. 첫 번째 코드보다는 상당히 줄어들었지만, 이것 역시 곤욕스럽겠네요.

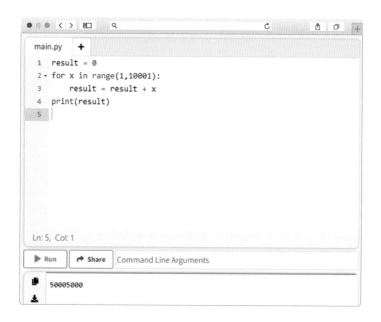

위 코드에서 range 함수를 이용하여 1부터 10001 미만까지의 숫자로 리스트를 만들었습니다. 즉, 1,2,3,…,10000 리스트를 range(1, 10001) 함수로 대체함으로써 우리는 많은 코드를 줄일 수 있습니다.

이 코드에서 볼 수 있듯이 첫 번째, 두 번째, 세 번째 코드 모두 동일한 기능을 수행합니다. 그러나 이를 코딩하는 코더에 따라 코드의 양이 엄청나게 차이가 납니다. 만약 우리가 첫 번째 코딩밖에 모른다면, 코딩은 참으로 힘들고 고된 작업이 될 거예요. 그러나 세 번째 코딩 방법을 알고 있다면 코딩이 참 쉽게 느껴지겠지요.

반복문은 프로그래밍의 꽃이라고 해도 과언이 아닙니다. 동일한 기능을 하는 코드를 작성할 때 반복문이 많을수록 보통 그 코드 양은 줄어들게 되는데요. 이때 코드가 효율적으로 코딩되었다고 할 수 있습니다.

코딩 7일차 - Up and Down 게임

컴퓨터가 1에서 999 사이의 숫자 중에서 임의로 고른 숫자 한 개를 맞추는 게임을 만들어볼까요? 컴퓨터가 임의로 고른 숫자를 정답으로 합니다. 다음 페이지의 코드와 같이 사용자가 키보드로 입력한 숫자가 정답보다 크다면 'Up'을 출력하고, 작다면 'Down'을 출력합니다. 만약 사용자가 입력한 숫자가 정답보다 크지도 않고, 작지도 않다면, 즉 같다면 **break** 명령어로 반복문(while)을 빠져나가 **print** 함수로 정답을 출력하고 프로그램을 종료합니다.

복잡한 코드를 작성하다 보면, 코드에 대한 설명을 추가하게 됩니다. 이러한 것을 주석(comment)이라고 합니다. 파이썬에서는 '#'을 주석 기호로 사용하며, '#' 이후의 내용은 코드가 아닌 사

```
main.py    +
  1   import random
  2   answer = random.randint(1,999) # 1~999 중에 임의의 숫자 1개 선택
  3
  4 ▾ while True:
  5       guess = int(input('숫자(1~999)를 입력하세요:'))
  6 ▾     if answer > guess: # 정답이 더 크다면
  7           print('Up')
  8 ▾     elif answer < guess: # 정답이 더 작다면
  9           print('Down')
 10 ▾     else: # 정답이 크지도 작지도 않다면, 즉 같다면
 11           break # while 문 빠져나가기
 12
 13   print('정답', answer, '맞추었습니다.')
 14   |
```

Ln: 14, Col: 1

■ Stop   ↪ Share   Command Line Arguments

▥
📥   숫자(1~999)를 입력하세요:
     |

람만 알아볼 수 있는 설명서로 취급합니다. 프로그래머 간에 이
해를 돕기 위해 사용하는 것이지요.

import는 기존에 누군가 만들어놓은 기능을 가져다 쓰기 위
한 명령어입니다. 여기서는 random 기능을 가져다 사용하겠습
니다.

'random.randint(1,999)'는 random 기능 중에서 randint 함수
를 수행하여 1부터 999까지의 숫자 중 한 개의 숫자를 임의로

선택합니다. 그리고 그 선택한 숫자를 answer 변수에 대입합니다.

while 문은 조건이 만족하는 동안, 즉 참(True)인 동안에 계속하여 반복합니다. 여기서는 while 문은 항상 참이므로, break를 만나서 while 문을 빠져나오기 전까지 무한 반복하게 됩니다.

input 함수로 사용자 키보드로 임의의 문자열을 입력받아 int 함수로 숫자로 변환하여 guess 변수에 대입(저장)합니다.

그리고 if 문으로 answer 변수의 값이 사용자가 입력한 숫자를 저장한 guess 변수의 값보다 크다면, print 함수로 'Up'을 화면에 출력합니다. 그리고 반복문을 수행하여 다시 사용자로부터 키보드 입력을 기다립니다.

만약 answer 변수의 값이 guess 변수의 값보다 작다면, print 함수로 'Down'을 화면에 출력하고 반복문을 수행하여 다시 사용자로부터 키보드 입력을 기다립니다.

만약 answer 변수의 값이 guess 변수의 값보다 크지도 않고, 작지도 않다면, 즉 answer의 값과 guess의 값이 일치한다면, else: 문으로 이동하여 break 명령으로 while 문을 빠져나가게 됩니다.

그리고 print 함수로 정답 answer를 출력하고 프로그램을 종료합니다.

위 화면은 500을 입력하였을 때, 정답이 500보다 작다고 'Down'이라고 화면에 표출합니다.

그래서 사용자가 이번에는 250을 입력하였더니, 이번에는 정답이 250보다 크다고 'Up'이라고 화면에 표출하고, 또 새로운 입력을 대기합니다.

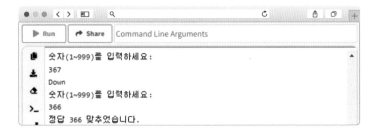

여러 번의 시도 끝에 366이라는 정답을 맞추었습니다. break 명령어로 while 문을 빠져나와 정답을 화면에 표출하고 종료합니다.

파이썬 프로그래밍
도전을 마치며

코딩의 '코' 자도 잘 모르던 프알몬 군은 일주일에 걸쳐 파이썬 언어를 사용하여 여러 가지 프로그램을 코딩해보았습니다. 간단하지만 코딩을 위해 기본적으로 필요한 입력, 출력, 연산, 변수, 상수, 조건문, 반복문 등에 대해 배우고 간단한 게임까지 만들어보았습니다. 그러면서 프로그래밍에 대해 느꼈던 안개와도 같았던 막연함이 걷혔습니다. 프알몬 군은 앞으로 프로그래밍을 더 잘해보고 싶다는 생각을 하게 되었고, '사회에 나갔을 때 프로그래머를 직업으로 삼는다면 어떨까?' 하는 생각도 할 수 있게 되었다고 합니다.

* 파이썬(Python)은 대학교에서 컴퓨터 과학 전공 학생뿐만 아니라 비전공 학생의 교양과목으로도 개설되어 있습니다. 파이썬은 요즘 가장 인기 있으며 쉽고 빠르게 배울 수 있는 프로그래밍 언어입니다.

* 코딩을 위해서는 개발 환경 구축이 필요해요. 대부분의 프로그래머는 통합 개발 환경(IDE)을 구축하여 코딩, 컴파일, 디버깅을 하나의 프로그램에서 수행합니다.

* 통합 개발 환경 구축 없이 인터넷의 온라인 통합 개발 환경에서 코딩을 바로 시작할 수도 있어요. 대표적인 온라인 통합 개발 환경 웹 사이트로는 '온라인 파이썬'(https://www.online-python.com/)이 있습니다.

* 온라인 통합 개발 환경을 이용하여 컴퓨터, 스마트폰 이외에 인터넷이 가능한 모든 기기를 이용하여 언제, 어디에서나 코딩할 수 있어요.

* 코딩을 위해서는 입력(input), 출력(print), 연산(+, -, */), 상수, 변수, 조건문(if, else), 반복문(for, while) 정도만 알아도 충분하며, 대부분의 프로그래밍 언어가 비슷한 구조로 되어 있어요.

* 상수는 프로그램이 시작하여 끝날 때까지 그 값이 변하지 않는 숫자를 의미합니다. 대표적으로 1, 2, 3과 같은 숫자와 A, B, LOVE 등과 같은 문자 혹은 문자열이 상수에 해당합니다.

* 변수는 데이터를 저장해놓는 공간으로 프로그램 실행 중에 그 값이 변경될 수 있으며, 주로 연산 결과를 임시로 저장해놓기 위해 사용합니다.

★ QUIZ ★

Q1 세계 최대의 공개 소스(Open source) 프로젝트 사이트는 무엇일까요?

① 깃허브(Github) ② 마이크로소프트(Microsoft) ③ 티오베 지수(TIOBE Index)
④ 스택오버플로우(StackOverflow)

Q2 다음 중 조건문과 관련이 없는 것은 무엇일까요?

① if   ② elif   ③ else   ④ import

Q3 다음 중 반복문과 관련이 있는 것은 무엇일까요?

① if   ② else   ③ while   ④ random

Q4 데이터를 저장할 수 있는 역할을 수행하며, 변하지 않는 상수와 달리 변하는 숫자를 의미하는 이것은 무엇일까요?

답: _____

Q5 키보드로부터 문자열로 입력받는 함수(명령어)는 무엇일까요?

답: _____

Q6 문자열을 화면에 출력하는 함수(명령어)는 무엇일까요?

답: _____

정답: Q1. ① / Q2. ④ / Q3. ③ / 04. 변수 / 05. input / 06. print

CHAPTER 7
미래 직업으로서 프로그래머 이야기

01 직업이란 무엇일까요?

직업에 대한 사전적 정의는 개인이 노동력, 지식, 창의력 등을 일정한 기간에 제공하고 그에 대한 보상을 받는 일입니다. 그렇다면 '좋은 직업'의 정의는 무엇일까요?

얼마 전까지만 해도 주식시장이 전에 없는 호황을 누렸습니다. 투자 시점에 따라 차이는 있지만, 주식에 투자했던 많은 사람이 수익을 챙기기도 했습니다. 하지만 시간과 자금을 들이는 주식 투자로 돈을 벌기는커녕 오히려 돈을 잃는 경우도 많습니다. 물론 성공한다면 은행 예금과 비교할 수 없을 정도로 훨씬 큰돈을 벌 수도 있습니다. 요즘에는 투자 전문가가 아닌 사람들이 비트코인과 같은 가상 자산으로 어마어마한 돈을 벌었다는 기사도 심심찮게 접하게 됩니다. 이러한 분야는 위험이 큰 만큼 그 보상이 크기도 합니다. 그래서 이러한 분야의 직업을 '고위험, 고수익(High Risk, High Return)'으로 분류하기도 합니다. 하지만 모두 다 'High Return'은 아니라는 점이 함정입니다. 말 그대로 'High Risk'인 만큼 'Low Return' 혹은 마이너스일 수도 있지요.

일확천금의 가능성과 일정한 수익을 벌어들이는 안정성은 서로 다른 방향으로 뛰어나가는 두 마리의 토끼와 같아서 둘 다 가지는 것이 불가능합니다. 우리나라에서는 1990년대 후반 IMF 외환위기 이후로 요즘까지도 상대적으로 급여가 낮더라도 안정적인 직업을 선호하는 경향이 이어지고 있습니다. 그중에서도 자신이 원하면 정년까지 근무할 수 있고, 퇴직 이후에는 상대적으로 높은 연금을 받을 수 있는 공무원은 그 채용 시험 경쟁률이 높게는 수천 대 1에 달합니다. 대개 짧게는 수개월에서 길게는 수년에 걸쳐 공부하여 공무원 시험에 합격합니다. 하지만 그중 일부 사람은 그토록 원하던 공무원이 되었지만, 막상 실무를 수행하면서 자신의 적성과 맞지 않아 적응하지 못하고 스스로 일을 그만두고 또 다른 직업을 찾아 나서기도 합니다. 왜 이런 경우가 생겨나는 걸까요?

여러분이 직업을 선택할 때 고려해야 할 가장 중요한 요소는 무엇일까요?

돈? 명예? 안정성? 복지? 혹은 흥미나 적성? 성취 욕구?

위의 사례 속 공무원의 경우에는 사회적 분위기나 가족의 권유로 안정적인 직업을 택하였지만, 자신의 적성에 맞지 않아서 진로를 바꾸게 되었을지도 모릅니다. 이 사람에게는 어쩌면 직업의 안정성보다는 자신의 적성이 더 중요했던 것이겠죠.

혹은 높은 급여를 주는 기업에 높은 경쟁률을 뚫고 입사하는 사람도 있을 것입니다. 하지만 연봉이 높은 직장은 대개 근무 강도가 센 편입니다. 이러한 경우에는 자신의 여가를 즐기기 힘들 거예요. 하지만 자신이 수행하는 업무에 자부심을 느끼거나 그로 인해 남들보다 더 많은 돈을 번다면 그에 따른 성취감을 느낄 수 있고, 이로써 어려움도 견딜 수 있을 것입니다.

반면 어떤 사람들은 많은 연봉 대신 자신의 여가를 누릴 수 있는 삶을 택하기도 합니다. 또 어떤 사람은 구속받는 것을 싫어해서 자신이 일하고 싶은 장소에서, 일하고 싶을 때 할 수 있는 직업을 찾기도 합니다.

때로는 자신이 잘하는 것과 좋아하는 것이 다를 때, 어느 쪽을 직업으로 삼아야 할지 고민하기도 합니다. 이때 다수의 진로상담사는 현재 자신의 흥미를 끄는 일로 직업을 선택하는 것은 위험할 수 있다고 조언합니다. 흥미가 오래 지속되는 경우도 있지만, 흥미라는 것이 쉽게 변할 수 있기 때문이라고 합니다. 직장을 구하는 입장에서 다각도로 살펴보았는데요. 직업을 선택할 때 여러분에게는 무엇이 가장 중요한가요?

역으로 여러분이 취업하기 원하는 기업의 CEO 입장이 되어

보는 것도 한 가지 방법이 될 수 있습니다. 내가 직접 창업하는 것이 아닌 이상 누군가 혹은 어딘가에 고용이 될 테니까요. 내가 이 기업의 CEO라면 '어떤 역량을 갖춘 사람과 함께 일하고 싶을까?' 하고 말이죠.

"직업에는 귀천이 없다"라는 격언이 있지만, 현실적으로 모든 직업이 똑같은 대가를 받을 수는 없습니다. 물론 직업을 선택하는 데 있어서 자신의 적성이나 소명 의식 등이 중요한 요소이지만, 시장에서 물건의 값이 정해질 때도 공급과 수요의 법칙이 적용되듯이 직업 시장에서도 마찬가지입니다. 항상 세상의 변화 흐름에 관심을 두고 살펴보아야 하며, 시장에서 요구하는 능력을 갖추기 위해 구체적인 노력을 기울여야 합니다. 자신의 능력, 즉 자신의 가치를 높이면 그에 따른 대가는 자연스럽게 따라오게 마련이라고 말씀드리고 싶습니다.

프로그래머에 대한 인식

프로그래머라는 직업이 등장한 시기는 우리 인류의 역사를 통틀어서 불과 100년도 되지 않았습니다. 우리나라에서 일반인이 프로그래머라는 직업을 가질 수 있게 된 것은 채 40년이 되지 않습니다. 하지만 근래에 등장한 직업 중에서 가장 뜨거운 관심을 받는 직업이기도 하지요.

영화나 드라마에서 종종 프로그래머 역을 맡은 배우가 등장합니다. 그런데 가만히 생각해보면 이들은 대부분 두꺼운 안경을 쓰고 어두운 방구석이나 사무실에서 컴퓨터만 좋아하는, 마치 세상과 동떨어져 자신만의 세상을 사는 것 같은 이미지로 그려지고 있습니다. 또는 자기 일에 너무 몰입한 나머지 책상 위는 전혀 정리되어 있지 않고, 지저분한 모습으로 콜라나 커피를 쉴

새 없이 마시며 자기 관리는 아예 하지 않아 대부분 뚱뚱하거나 빼빼 마른 볼품 없는 이미지로 그려지기도 합니다.

그러나 영화나 드라마에서 그려지는 프로그래머의 모습은 실제 요즘 프로그래머의 모습과는 크게 다릅니다. 우선 프로그래밍을 하다 보면 수많은 소스 코드와 기술 자료를 다루어야 하기 때문에 정리·정돈을 철저하게 해야 합니다. 특히 자신이 만들고 있는 소스 코드와 그와 관련된 자료의 정리는 병적일 만큼 철저하게 합니다. 그러한 습관이 실생활에도 이어져서 대체로 깔끔한 사람이 많습니다.

그리고 항상 다른 팀이나 다른 회사 직원과 함께 일을 해야 하므로 정해진 일정을 철저하게 지키며 타인과 의사소통에 능통

해야 합니다. 요즘에는 퇴근 후에 술자리를 갖기보다는 일찍 퇴근하여 집 혹은 자신만의 공간에서 회사 업무 외에 오픈 소스 프로젝트 등에 참여하여 인터넷을 통한 커뮤니티 활동으로 최신의 기술을 습득하는 등 새로운 지식을 습득합니다. 모든 프로그래머가 이와 같다고 말할 수는 없겠지만 성공한 프로그래머를 보면 대부분 자기 관리가 철저합니다.

성공한
프로그래머

프로그래머라는 직업으로 성공한 사람들의 사례를 알아볼게요. 대표적으로 우리가 매일 사용하는 컴퓨터 운영체제 윈도우즈(Windows)를 개발한 마이크로소프트의 '빌 게이츠'와 아이폰(iPhone)을 개발한 애플의 '스티브 잡스'가 먼저 떠오릅니다. 그리고 게임 업계에서는 3D 게임 개발에 크게 기여한 '존 카맥'과 리눅스(Linux)의 창시자 '리누스 토르발스'가 있습니다. 그리고 현재 세계 최고 부자 중 한 명인 세계 최대의 온라인 물류 회사 아마존(Amazon)의 '제프 베이조스'와 페이스북(Facebook)을 만든 '마크 저커버그'도 있습니다.

우리나라의 프로그래머도 한번 살펴볼까요? 여러분 모두가 한 번쯤 사용해보았을 아래아한글을 개발한 한글과컴퓨터의 '이

찬진', 바람의 나라와 리니지 게임을 개발한 '김택진', 그리고 배틀 그라운드 게임을 개발한 '김창한', 우리가 검색할 때 주로 사용하는 네이버를 개발한 '이해진' 등 위에 언급한 이들 외에도 프로그래머로서 엄청난 성공을 거둔 사람들이 매우 많습니다.

위 사람들의 특징은 전통적인 제조업 분야에서 물건을 만들거나 그러한 물건을 떼다 파는 상인으로서 성공한 것이 아니라, 소프트웨어 개발을 통한 무형의 디지털 자산, 즉 프로그램을 개발하여 성공하였다는 점입니다. 네이버, 카카오와 같은 기업은 고객에게 무료로 프로그램 및 서비스를 제공하며 엄청난 성공을 거두기도 하였습니다.

전통적인 제조업의 경우에는 초기에 많은 돈을 들여서 공장을 짓고, 또 기계와 재료를 구입하여 물건을 만들어 판매해야 돈을 벌 수 있었습니다. 요즘 한국에 공장을 한 동 지으려면 적어도 100억 원에서 1,000억 원 정도가 필요하다고 합니다. 과연 우리가 공장을 짓기 위한 100억 원을 모으려면 어느 정도의 시간이 필요할까요?

위에서 언급한 세계 최고의 부자 중 한 명인 빌 게이츠는 "앞으로 새로운 억만장자는 제조업이 아니라 소프트웨어로부터 나올 것이다"라고 말한 것으로도 유명합니다. 그리고 21세기 들어서 새로이 억만장자가 된 사람들을 보면 프로그래머 출신이 상당히 많다는 것을 확인할 수 있습니다.

04

프로그래머란
어떤 직업일까요?

프로그래머는 프로그램을 개발하는 사람입니다. 프로그래머는 회사에 들어가서 직원으로서 일하거나 자신의 회사를 만들어 직접 운영하기도 하고, 혹은 공무원과 같이 정부 산하 기관에 취직하여 근무하기도 합니다. 다시 말해, 큰 기업에서 높은 연봉, 좋은 복지 혜택 등의 대우를 받으며 일하고 싶다면 대기업에 취업하면 되고, 수평적인 관계 속에서 상대적으로 자유롭게 일하고 싶다면 벤처 기업에 취업하면 됩니다. 안정적으로 일하는 것을 원한다면 정부 산하 기관 혹은 연구소에 취업할 수도 있습니다. 혹은 자신이 직접 회사를 만들어서 일할 수도 있고, 프리랜서가 되어 일하고 싶을 때만 일할 수도 있습니다.

이렇듯 프로그래머는 다양한 형태를 선택하여 일할 수 있습니다. 이처럼 일하는 형태를 자유롭게 선택하여 일할 수 있는 직업은 그다지 많지 않습니다. 프로그래머가 다른 직군과 가장 큰 차이점은 인터넷에 접속만 할 수 있다면 어느 장소에서나, 심지어 해외 휴양지 같은 곳에서도 원격 근무가 가능하다는 것입니다.

네이버는 2022년 하반기부터 전 직원의 절반 이상이 재택근무를 한다고 합니다. 카카오는 코로나19 이후에도 지금까지의 재택근무를 계속해서 이어나가기로 하였으며, 격주로 주 4일 근무를 시행합니다. 출퇴근 때마다 겪는 교통체증에서 벗어날 수 있을 테니 이러한 결정이 얼마나 반가울까요? 시간 관리만 잘한다면 이 시간에 운동을 함으로써 건강 증진에도 도움을 얻을 수 있을 것입니다. 또한 자신의 의지만 있다면 애플리케이션을 이용해 외국어를 공부할 수도 있을 것이고요. 고유가, 고물가 시대에 자동차 연료비도 아끼고, 대기오염 배출 요인도 줄어들게 되며, 자기계발도 할 수 있으니 최소 일석삼조의 효과가 있지 않나요? 여러분도 이러한 혜택을 누리면서 일할 수 있기를 바랍니다.

프로그래머가 한 회사에 지속적으로 근무하는 근속 연수가 불과 평균 2~3년밖에 되지 않는다고 합니다. 이런 이야기를 들으면 '너무 불안정한 것 아니야?'라고 의문을 품을 수도 있을 텐데요. 하지만 반대로 생각해보면 이렇게 높은 이직률은 프로그래머에 대한 수요가 많다는 방증이기도 합니다.

프로그래머는 문제를 발견해내고 이를 해결해내는 것을 직업으로 하는 사람들입니다. 그런데 만일 현재 자신이 근무하는 회사에 마음에 들지 않는 점이 있다면, 프로그래머들은 그냥 참고만 지내지 않고 바로 개선을 요구합니다. 만약 문제 해결에 대한 자신의 요구가 받아들여지지 않으면 이들은 조건에 맞는 다른 회사로 옮겨 가겠지요. 프로그래머는 항상 부족하고, 자신이 일할 수 있는 회사는 항상 있기 때문이지요.

그리고 프로그래머로서 다른 회사로 이직할 때 보통은 연봉을 올려서 이직하게 됩니다. 프로그래머로서 경력이 쌓이고, 이직해서 새로운 회사에서 또 새로운 것을 배웁니다. 이렇게 이직을 하게 될 경우 경력이 더 쌓이기 때문에 프로그래머는 이직으로 인해 잃는 것보다 얻는 것이 많다고 할 수 있습니다. 이렇다 보니 프로그래머의 이직이 다른 직업에 비해 상대적으로 더 많은 편입니다.

물론 좋은 조건으로의 이직은 늘 깨어 있는 자세로 지금 내가 알고 있는 것이나 할 줄 아는 것에 안주하지 않고 자기계발을 게을리하지 않는다는 것을 전제로 합니다.

우리나라뿐만 아니라 전 세계적으로 보았을 때도 프로그래머는 꽤 매력적인 직업입니다. 인공지능(AI), 사물인터넷(IoT), 자율 주행, 차세대 웹(Web 3.0), 메타버스(Metaverse) 등 정말로 많은 산업 분야에서 프로그래머의 수요는 폭발적으로 증가하고 있습니다. 그러나 2000년대 제1차 IT 붐 이후로 프로그래머는 항상 공급이 부족한 상황입니다. 따라서 취업난이 커다란 사회문제 중 하나라고 하지만, 현재 프로그래머로서 일자리를 구하는 것은 예외라고 할 수 있습니다.

특히 미국, 캐나다에서는 평균적으로 의사 다음으로 연봉을 많이 받는 직업이라고 합니다. 그리고 계속해서 연봉이 올라가고 있고요. 구글이나 애플에 입사하면 꿈의 직장이라고 표현할 정도로 프로그래머에 대한 대우는 아주 좋은 편입니다. 그리고 우리나라도 프로그래머 연봉이 지속적으로 증가하고 있으며, 카카오나 네이버와 같이 프로그래머에 대한 대우가 좋은 회사의 수는 점점 늘어나고 있습니다. 심지어 전통적인 상하 관계를 중시하는 은행, 보험 등 금융 업계에서도 프로그래머의 채용이 증가하고 대우가 좋아지고 있습니다. 그러나 아직도 금융 업계에서는 프로그래머 구인난이 심각하다고 합니다. 실제로 프로그래머에게 엄격한 상하 관계 속 경직된 근무 환경은 매력적으로 다가오지 않습니다. 굳이 누군가의 눈치를 보며 일해야 하는 곳보다 더 자유로운 분위기 속에서 일하면서도 더 대우가 좋은 일자리가 많기 때문이죠.

슈퍼 개발자

프로그램을 개발하기 위해서는 기획, 설계, 코딩, 화면 디자인, 화면 배치, 시험 등 다양한 업무가 필요합니다. 그런데 코딩은 처음부터 전부 개발하기보다는 기존에 만들어진 프로그램이나 인터넷에 공개된 코드 등을 가져와서 그 기반 위에 우리가 만들고자 하는 기능을 코딩하기 시작하는 경우가 많습니다. 보통은 기존에 만들어진 프로그램이나 공개 소스 코드가 어떻게 만들어졌는지 자세히 분석하지 않은 채, 새로 만들고자 하는 기능만 추가하여 빠르게 원하는 프로그램을 개발하고 마무리하게 됩니다.

그런데 계속해서 이런 방식으로 프로그램 개발이 이루어지고, 시간이 흘러 담당자가 바뀌고, 나중에는 지금 사용하고 있는 프로그램이 어떻게 만들어졌는지 알고 있는 프로그래머가 없는 경우도 생깁니다. 문제가 생기지 않는 상황에서는 괜찮지만, 만일 심각한 프로그램 오류 혹은 버그가 발생하는 경우 아무도 제대로 고칠 수 없는 상황이 일어날 수도 있습니다. 상상만 해도 아찔한 일입니다.

실제로 현장에서는 프로그래머에게 프로그램의 핵심 코드에 대해 심도 있게 생각하고 만들 시간이 주어지지 않는 경우가 태반입니다. 특히 우리나라의 경우에는 '빨리빨리' 문화로 인해 완성도보다는 많은 기능과 빠른 출시를 목표로 프로그램을 만드는 경향이 강합니다. 그러나 프로그램이란 것은 한 번 오류가 발생하기 시작하면 계속해서 오류가 누적됩니다. 이러한 것을 예방하기 위해서는 프로그래머가 프로그램에 대해 완전히 이해하고 오류가 발생하지 않도록 만들어야 합니다. 특히 프로그램의 핵심 영역은 사용자들이 사용하는 기능이나 화면 디자인에 비해 그 변화를 인지하기가 어렵습니다. 그렇다 보니 많은 개발자가 등한시하는 경향이 있습니다.

하지만 슈퍼 개발자라 불리는 이들은 자기가 맡은 일을 충실히 하면서도 프로그램 핵심 기능의 중요성도 잘 알고 있습니다. 그래서 다른 이들이 알아주지 않거나 혹은 당장의 실적과 거리가 멀어도 핵심 기능 개발에 대해 상당히 신경을 씁니다. 이들은 프로그래머 중에서도 장인 정신을 지닌 사람들이라고 말할 수 있을 것 같습니다.

또 핵심 기능을 수정하기 위해 사전에 영향을 미칠 만한 모든 영역을 파악하고, 해당 영역 담당자들과 의사소통하여 그들을 설득해야 합니다. 그러기 위해서는 사람들과의 교류나 의사소통 능력을 갖추는 것이 중요하며, 더 나아가 프로그램 개발 일정 관리에 있어서 상당한 카리스마와 조율 능력을 지니고 있어야 합니다. 만약 다른 영역의 담당자를 설득하지 못한다면 핵심 기능을 수정하지 못하게 될 수도 있으니까요.

규모가 작은 프로그램은 한 명의 프로그래머가 혼자서 모든 것을 만들 수 있습니다. 그러나 미래로 갈수록 프로그램은 고도화될 것이고, 혼자서 모든 개발을 할 수 없게 될 것입니다. 게다가 이러한 프로그램은 코딩뿐만 아니라 기획, 디자인, 테스트, 영업, 마케팅 등 다양한 분야의 사람들이 함께 협업해야 합니다. 이러한 경우 프로그래머로서 코딩 능력도 중요하지만 다양한 분야의 사람들과 함께 일할 수 있는 능력 또한 중요한 요소가 될 거예요.

슈퍼 개발자는 프로그램에 대한 내부적 처리나 프로그램의 기능에 대해 숙지하는 것과 더불어 사용자가 직접 보고 사용하는 화면 디자인(User Interface, UI)이나 사용자 경험(User Experience, UX)에 대해서도 잘 알아야 합니다. 프로그램이란 결국 많은 사람이 사용하고, 그 프로그램을 사용하는 사용자가 만족해야 하기 때문입니다. 그러기 위해 프로그래머는 코딩뿐만 아니라 디자인에 대해서도 학습할 필요가 있습니다. 프로그램은 좋은데 디자인이 세련되지 못하다면 사용자 입장에서 사용하고 싶지 않을 테니까요.

그러므로 슈퍼 개발자는 프로그램을 잘 만드는 것 이외에도 최신 트렌드에 대해서도 항상 관심을 가져야 하고, 자신이 만든 프로그램을 두루 알리기 위한 마케팅 분야와 잘 팔기 위한 영업 분야에 대해서도 알고 있어야 합니다. 누구보다도 세상이 변하는 흐름에 관심을 가지고 사람들이 무엇을 원하는지 한발 앞서 파악할 수 있어야 합니다. 이렇듯 슈퍼 개발자는 단순히 개발만 잘한다고 되는 것이 아닙니다. 다양한 영역에 대해 두루 잘 알고 있어야 하고, 또한 관련된 다양한 분야의 사람들과 의사소통도 잘해야만 합니다.

깃허브(Git hub), 스택오버플로우(Stack overflow) 등 오픈 소스 개발 커뮤니티를 살펴보면 자신이 만든 코드를 무료로 공개하고, 많은 사람의 질문에 대해 자세한 답변까지 해주는 개발자들이 있습니다. 이러한 개발자 중에서 오픈 소스로 활용도가 높은 코드를 제공하고 이것으로 실력을 검증받는 사람들이 있습니다. 누구나 한 번쯤 같이 일해보고 싶어 하는 이와 같은 개발자 또한 슈퍼 개발자라고 하기도 합니다. 이러한 슈퍼 개발자들은 보통 자신의 직장 혹은 직업을 갖고 있으면서 동시에 오픈 소스 개발 커뮤니티를 자기계발을 위한 수단으로 활용하곤 합니다.

한 가지 에피소드를 들어보겠습니다. 5년 전쯤 한국의 한 개발자가 오픈 소스 개발 커뮤니티에 자신이 만든 프로그램의 소스 코드를 지속적으로 공개하였습니다. 그러던 중 이 소스 코드를 당시 미국의 유명한 소셜 네트워크 서비스 회사에서도 사용하게 되었습니다. 그리고 얼마 후 이 개발자에게 그 미국 회사의 스카우터로부터 한 통의 스카우트 제의 메일이 도착하였습니다. 그러나 이 개발자는 여건상 한국을 떠날 수 없어서 이 제의를 거절하려고 하였는데, 그 회사는 근무시간, 장소 등 일하는 환경은 원하는 대로 해주겠다며 파격적인 제안을 하였습니다. 단지 그들이 내세운 조건은 지금부터 개발하는 소스 코드는 자신들에게만 제공하고, 다른 경쟁사가 사용하지 못하도록 공개하지 말아달라는 것이었습니다. 이 개발자는 당시에 다니던 한국 회사를 그만두고 미국 회사로 옮겼으며, 한국에서 자유롭게 일하고 있습니다. 계약 조건상 연봉을 밝히지 못한다고 합니다만 서울 강남에 집을 구입하였고, 자신의 차고에 고가의 승용차가 네 대 있다고 합니다. 그런데 얼마나 큰 집이길래 차고에 자동차가 네 대나 들어갈까요? 평범한 사람들로서는 상상하는 것조차 쉽지 않은 일입니다.

이와 같이 슈퍼 개발자에 대한 대우는 우리가 생각하는 것 이상입니다. 이들은 손흥민 선수나 김연아 선수와 같은 세계적인 유명 스포츠 선수와 비교해도 될 것입니다. 아니, 어쩌면 그 이상일지도 모르겠네요.

06 4차 산업혁명과 미래의 프로그래머

앞서 말씀드린 바와 같이 최근에 IT 업계를 비롯한 다양한 산업 분야에서 인공지능, 사물인터넷, 자율 주행, 메타버스 등에 대한 관심이 높습니다. 특히 기계가 결코 인간을 이길 수 없을 거라 여겼던 바둑 경기에서 인공지능 알파고가 이세돌 9단을 이겨버린 사건은 IT 업계뿐만 아니라 산업 전반을 넘어 전 세계적으로 엄청난 이슈를 일으키며, 인공지능에 대한 관심이 폭발하는 계기가 되었습니다. 2000년대 초반 등장한 딥러닝을 비롯한 새로운 인공지능 기술이 다양한 분야에 적용되기 시작하며, 이를 이용한 제품과 관련 응용 기술이 기하급수적으로 증가하는 추세입니다.

인공지능 스피커를 시작으로 인공지능 로봇, 자율 주행 자동차 등의 개발에 박차를 가하게 되면서 관련 산업도 빠르게 발전하는 모양새입니다. 특히 자동차 업계 쪽이 발 빠르게 움직이고 있는데요. 세계적으로 자동차 제조사는 너도나도 자율 주행 자동차의 개발에 나서고 있고, 테슬라의 자율 주행 기술은 이미 상용화되었는데, 인간이 직접 운전하는 것보다 몇 배 더 안전하다고 합니다. 심지어 IT 업체인 구글이나 애플과 같은 소프트웨어 업계에서도 전통 제조업으로 분류되는 자동차 산업에 뛰어들어 자율 주행 자동차를 개발하고 있습니다.

이처럼 인공지능, 사물인터넷 등의 기술을 기존 전통 산업에 적용하여 새로운 부가가치를 창출하거나, 새로운 산업을 만들어내는 것을 4차 산업혁명이라고 부릅니다. 우리는 이제 막 열린 4차 산업혁명 시대로의 과도기를 살아가고 있습니다.

전통적인 제조업과 서비스업에 종사하던 사람들의 일자리는 인공지능과 사물인터넷 기술의 발달로 점차 기계로 대체되어가고 있습니다. 구체적인 예로 자동차 공장에서 도색하던 사람들의 일자리가 로봇으로 대체되었으며, 맥도날드에서 주문을 받던 점원은 키오스크로 대체되고 있습니다. 병원에서는 간호하는 로봇과 환자의 병명을 진단하는 인공지능 프로그램까지 상용화되고 있습니다. 심지어 인공지능이 그린 그림이 수천만 원에 팔리기도 하고, 인공지능이 쓴 소설이 문학작품 공모전에서 우수한 평가를 받는 등 창작 분야도 더 이상 예외가 아닙니다. 이처럼

4차 산업혁명으로 인해 전통적인 직업들이 빠르게 기계로 대체되고 있습니다.

이러한 변화의 흐름 속에서 프로그램을 개발하기 위한 프로그래머에 대한 수요는 계속하여 증가하고 있습니다. 특히 슈퍼 개발자와 같은 우수한 인재를 확보하기 위해 각 기업에서는 엄청난 노력을 기울이고 있습니다. 엔데믹(endemic, 'end'와 'pandemic'을 합쳐서 코로나19 전염병의 확산이 끝남을 의미) 시대로 접어들었음에도 배달, 여행, 모빌리티, 쇼핑, 진료 분야와 관련한 IT 플랫폼 업계에서 프로그래머에 대한 수요는 계속해서 증가하고 있습니다. 하지만 국내 한 취업 포털 사이트에서도 밝혔듯이 개발자 직군에서 공급 대비 수요가 가장 부족합니다. IT 기업을 대상으로 조사한 결과에서 대상 기업 10곳 중 절반 이상인 6곳이 개발자 구직난에 시달리고 있다고 합니다.

업계는 인재 유출을 막기 위해 스톡옵션을 지급하거나, 연봉의 10%에서 최대 50%에 달하는 인센티브를 제공한다고 합니다. 이렇게 많은 기업이 고액 연봉에 인센티브까지 지급하며 '개발자 지키기'에 나섰다는 것은 그만큼 개발자를 원하는 곳이 많다는 것입니다. 4차 산업혁명에서 가장 중요하게 여겨질 직업 중 하나는 바로 프로그래머라는 사실을 실감할 수 있습니다.

프로그래머는 은퇴가 없다, 노후 걱정도 없다

부모님들은 대개 자신의 자녀가 평생직장에 취업하길 바라지요. 그러나 공무원 등 국가나 공공의 직장을 제외한다면 앞으로는 대부분 평생직장은 사라질 것으로 예측되고 있습니다. 통계청 경제활동인구 조사에 따르면 우리나라의 공식 은퇴 연령은 평균 62세이지만, 근로자의 실제 퇴직 연령은 평균 49.3세라고 합니다. 그런데 퇴직 이후에도 사람들은 평균 72세까지 경제활동을 한다고 합니다. 아무리 좋은 직장이라고 하더라도 평균 50세 전후로 퇴직하고, 평균 22년 이상을 더 일해야 하는 것이 현실입니다. 평생 한 직장에서 주어진 업무만 해왔던 직장인에게 직장 밖 세상은 그야말로 야생과도 같으며, 그들이 수십 년 해왔던 업무는 더 이상 쓸모가 없습니다.

프로그래머도 10여 년 전만 하더라도 40세가 넘으면 프로그래밍을 그만두어야 한다는 말이 있었습니다. 그러나 지금은 50세가 넘어서도 프로그래머로서 왕성하게 활동하는 사람들이 많습니다. 그리고 건강에 문제만 없다면 60세, 70세까지도 충분히 프로그래머로서 일할 수 있습니다. 외국에서는 나이가 많은 프로그래머들이 코딩뿐만 아니라 프로그램 기획 및 설계를 비롯한 문제 해결을 위한 자문, 후배 양성을 위한 교육 등 다양한 분야에서 일하고 있기도 합니다. 프로그래머로서 최신 기술 동향을 충분히 습득하고, 젊은 사람들과의 의사소통에 문제가 없다면 손가락이 움직이는 한 일을 할 수 있을 거예요. 그렇다면 미래의 프로그래머인 여러분에게 노후 대비는 전혀 걱정할 문제가 아닐 거예요.

* 직업을 선택할 때 고려해야 할 사항은 연봉, 명예, 안정성, 자신의 적성 혹은 성취 욕구 등이 있습니다.

* 과거의 '평생직장'이라는 개념은 점차 사라지고 있으며, 직장 퇴직 이후에도 완전히 은퇴하기까지는 수십 년을 더 일해야 하는 것이 현실입니다.

* 국내외에 프로그래머로서 커다란 성공을 거둔 사례가 매우 많습니다.

* 프로그래머는 자신의 성향에 따라 정부 기관이나 대기업 또는 벤처기업 등에서 근무하거나 창업을 할 수도 있고, 프리랜서로 근무하는 등 다양한 선택권을 갖습니다.

* 다수의 IT 기업이 엔데믹 상황에도 재택근무를 연장하여 실시하고 있습니다. 이로써 시간 관리에 능숙한 프로그래머는 여러 가지 부수적인 혜택을 누릴 수 있습니다.

* 프로그래밍 실력이 탁월하고 다른 사람들과 의사소통이 원활하며 리더십까지 갖춘, 프로그래머 중에서도 상위권에 속하는 개발자를 슈퍼 개발자라고 하며, 이들에 대한 대우는 세계적인 운동선수와 견줄 정도입니다.

* 4차 산업혁명 시대에 접어들면서 프로그래머에 대한 수요가 폭발적으로 증가하고 있으며 이러한 추세는 앞으로도 계속될 것입니다.

* 프로그래머로 성공하려면 문제 해결력, 의사소통 능력, 자기 관리 능력 및 다양한 관련 분야에 대한 지식, 그리고 새로운 기술을 익히려는 배움의 자세 등을 갖추어야 합니다.

★ QUIZ ★

Q1 다음 중 프로그래머로서 성공한 사람이라고 볼 수 없는 사람은?

① 빌 게이츠   ② 스티브 잡스

③ 마크 저커버그   ④ 도널드 트럼프

Q2 다음 중 프로그래밍과 직접적으로 관련이 없는 산업 분야는 무엇일까요?

① 정치(Politics)   ② 인공지능(AI)

③ 메타버스(Metaverse)   ④ 사물인터넷(IoT)

Q3 개인의 노동력, 지식, 창의력 등을 일정한 기간에 제공하고 그에 대한 보상을 받는 것을 무엇이라고 할까요?

답: —————————————

Q4 미국의 마이크로소프트(빌 게이츠)에서 만든 컴퓨터 운영체제는 무엇일까요?

답: —————————————

Q5 프로그래밍 실력이 탁월하며 다른 사람들과 의사소통이 원활하며 리더십까지 갖춘 개발자를 무엇이라고 할까요?

답: —————————————

정답 01. ④ / 02. ① / 03. 취업 / 04. 윈도우 / 05. 슈퍼개발자

미래 세상으로 나아가는 여러분에게

이 책을 읽고 있는 학생 여러분이 사회에 나가게 될 10년 후를 대비하려면 무엇을 준비해야 할까요? 정확히 알 수는 없지만 한 가지 분명한 것은 10년 후 미래의 프로그래머가 될 여러분이 해야 할 일은 아직 세상에 존재하지 않는다는 사실입니다. 그렇다고 10년이라는 시간을 마냥 흘려보낼 수는 없겠지요? 아직 존재하지 않는 그 무언가 나타났을 때, 그것의 가치를 알아볼 수 있는 안목을 갖추고 그 누구보다도 빠르게 습득하여 활용할 수 있는 역량을 길러야 할 것입니다.

앞에서 성공한 프로그래머 출신 사업가와 슈퍼 개발자에 대해 알아보았어요. 또한 프로그래머로서 성공하기 위해 코딩 외에도 요구되는 다양한 능력에 대해서도 살펴보았지요. 되새겨보자면 개발자는 문제 해결력, 협업을 위한 의사소통 능력, 정해진 일정을 지키기 위한 성실함 또는 자기 관리 능력, 필요에 따라 디자인이나 마케팅과 같은 다양한 관련 분야에 대한 지식, 새롭게 등장하는 기술을 익히려는 배움의 자세 등을 갖추어야 합니다. 만일 글로벌 기업에서 근무하게 된다면 다른 직원들과 소통할 수 있는 외국어 구사 능력도 필요하겠지요.

한 가지 덧붙이자면 프로그래머가 되기 위해 천재적인 두뇌를 타고날 필요는 없지만, 자신이 만들어낸 프로그램에 오류가 발생했을 때 반드시 원인을 찾아내고자 하는 집념과 인내심이 필요합니다. 어떠한 직업을 갖게 되든 결과물을 만들어내는 과정에서 겪게 되는 스트레스가 있을 텐데요. 스트레스를 관리하는 것도 중요한 역량 중 한 가지예요. 자신만의 해소 방법도 한 가지 정도 갖고 있으면 도움이 될 거예요.

프로그래머로서 갖추어야 할 것들이 너무나 많다고 느껴지시나요? 하지만 어떠한 직업을 갖든 그에 따라 요구되는 자격이나 요건이 있습니다. 때로는 자신이 자격을 가지고 있고, 열정을 쏟아부을 준비가 되어 있어도 일할 기회를 얻지 못하는 경우도 있습니다. 어떠한 경우에는 누구보다도 긴 시간 동안 힘들게 일하지만 그에 걸맞은 보상을 받지 못한다고 느끼는 상황을 겪기도 합니다. 직업으로서 프로그래머는 갖추어야 할 것들이 많지만, 늘 새로운 기술을 익히며 부지런히 자기계발을 꾀한다면 다른 직업에 비해 상대적으로 큰 보상을 받을 기회가 확실합니다.

얼마 전 한국에서 초·중·고·학사·석사 과정을 공부하고 미국에서 박사 학위를 받은 한국계 미국인이 수학계의 노벨상이라고 불리는 '필즈상'을 받아서 세상이 떠들썩하였습니다. 한국인의 평균 지능은 미국이라는 선진국을 이끌어가는 데 커다란 영향력을 발휘하는 유대인보다도 높다고 합니다. 한국이 정보화 시대를 선도하는 IT 강국이었던 것처럼 머지않아 한국의 개발자 저변이 더욱 넓어져서 다수의 슈퍼 개발자가 등장하고, 파이썬 언어처럼 전 세계적으로 인기를 얻는 프로그램 언어도 만들어내는 날이 올 것이라 믿습니다. 이 책을 손에 쥐고 있는 여러분이 다양한 프로그래밍 분야에서 한국 프로그래머의 위상을 높여주길 기원하고 응원합니다.

미주

1) https://pixabay.com/ko/vectors/바이너리-배경-의사-소통-3322478/

2) https://nownews.seoul.co.kr/news/newsView.php?id=20210315601006

3) https://ko.wikipedia.org/wiki/아타나소프-베리_컴퓨터

4) https://ko.wikipedia.org/wiki/콜로서스_(컴퓨터)

5) https://smart.science.go.kr/scienceSubject/computer/view.action?menuCd=DOM_000000101001007000&subject_sid=250#link

6) https://ko.wikipedia.org/wiki/에니악

7) https://ko.wikipedia.org/wiki/유니박

8) https://ko.wikipedia.org/wiki/메인프레임

9) https://ko.wikipedia.org/wiki/IBM_PC

10) https://ko.wikipedia.org/wiki/소프트웨어_버그

11) https://i.imgur.com/bMOYMTM.jpg

10대가 알아야 할 프로그래밍과 코딩이야기

1판 1쇄 발행 2022년 10월 11일
1판 2쇄 발행 2023년 06월 12일

지은이 우혁, 이설아
펴낸이 김기옥

경제경영팀장 모민원
기획 편집 변호이, 박지선
커뮤니케이션 플래너 박진모
경영지원 고광현, 임민진
제작 김형식

디자인 푸른나무디자인
인쇄·제본 민언프린텍

펴낸곳 한스미디어(한즈미디어(주))
주소 04037 서울특별시 마포구 양화로11길 13 (서교동, 강원빌딩 5층)
전화 02-707-0337 | **팩스** 02-707-0198 | **홈페이지** www.hansmedia.com
출판신고번호 제 313-2003-227호 | **신고일자** 2003년 6월 25일

ISBN 979-11-6007-850-3 (43500)